高等农林院校系列教材

饲料分析与检测技术

彭 健 主编

科学出版社

北京

内 容 简 介

本书由七章内容构成：饲料检验的基本要求，饲料样品的采集、制备与保存，饲料物理性状检验，饲料常规成分分析，常用饲料原料掺假鉴别，饲料加工质量检测和饲料企业检验室的建设。每章后有思考题以指导学生掌握和复习重点内容。

本书的内容，不仅可以培养和训练学生掌握饲料分析的基本技能，满足研究/教学型大学本科生教学和培养的需要，而且贯穿了饲料企业对饲料品质控制的要求。因此，本书也是饲料和畜牧生产企业的技术人员非常实用的参考书。

图书在版编目（CIP）数据

饲料分析与检测技术/彭健主编．—北京：科学出版社，2008
（高等农林院校系列教材）
ISBN 978-7-03-022428-6

Ⅰ.饲… Ⅱ.彭… Ⅲ.①饲料分析-高等学校-教材；②饲料-检测-高等学校-教材 Ⅳ.S816.17

中国版本图书馆 CIP 数据核字（2008）第 097960 号

责任编辑：林梦阳／责任校对：张怡君
责任印制：张 伟／封面设计：耕者设计工作室

*科学出版社*出版
北京东黄城根北街 16 号
邮政编码：100717
http://www.sciencep.com

北京建宏印刷有限公司 印刷
科学出版社发行 各地新华书店经销
*

2008 年 7 月第 一 版　开本：B5（720×1000）
2022 年 8 月第十次印刷　印张：8 1/2
字数：160 000
定价：29.80 元
（如有印装质量问题，我社负责调换）

前　言

　　饲料在许多方面对动物生产有着重要的影响。一方面，饲料成本占动物生产总成本的70%，饲料质量控制是低成本日粮配合成败与否的一个关键，对畜牧生产企业的经济效益具有重要影响。另一方面，饲料品质控制的好坏直接影响动物的生产性能。同时，人们对饲料的品质与动物生产最终产品的质量和食品安全之间相关性的认识越来越清楚，因此，饲料品质的控制在现代化饲料生产和畜牧生产中的作用越来越重要。

　　那么，什么是饲料的品质呢？饲料品质的定义是"能提供足量的各种营养物质，并能使动物获得良好的饲用效果。"这意味着一种优质的饲料不仅拥有营养物质"量"的特征，而且有营养物质"质"的要求，因此，饲料品质不能仅用营养特征或营养价值来定义，还应包括其他的内容，如技术质量和安全质量。饲料的技术质量也就是饲料的物理特性，如颗粒饲料的大小和硬度、粉状饲料的细度和味道等，这些特性不仅影响动物的最佳采食量和生长表现，同时也要影响饲料厂和农场间的运输和操作。此外，饲料品质还要求保障对动物、环境和动物产品消费者的安全。因此，一些促生长剂和药物的使用受到了更多的法规甚至法律的约束和限制，以避免给人类健康造成不良影响。

　　所谓"饲料品质控制"，就是在饲料原料的采购、加工到成品包装等环节上，采用物理的、化学的和生物学的方法进行质量检测和控制，以确保生产出合格的饲料。因此，饲料分析和检测是实现饲料品质控制的主要内容和技术保障。

　　饲料检验就是通过人体感官或借助化学试剂和化验室的设备，客观地测定或评价饲料品质或其中特定成分的浓度以及质量特性。通过检测确定饲料原料（或产品）是否具有规定的营养成分或加工质量；同时，饲料中的有毒有害成分还不允许超过标准，这就能从根本上保证饲料产品的质量。因此，饲料检验无论对饲料生产厂还是对养殖场来说，都具有重要意义。

　　一个好的饲料品质控制方案应该能监控饲料在饲喂前的质量，而原料质量控制是饲料质量的根源，控制饲料原料的品质是预测全价料、浓缩料和预混料品质的关键，必须在原料采购时对原料进行严格的质量控制。而对饲料成品的分析不仅能验证对原料的检测，而且能查出饲料生产过程中可能存在的问题。

　　在饲料品质控制时，对原料和饲料成品进行抽样的目标是获得被质疑的有代表性的样本。采样方法不当、样品处理不正确或分析错误等，都可能导致最终产生错误的结果。因此，应该掌握正确的取样方法和操作规程，以确保所采取的样品确实具有代表性。

　　饲料常规成分分析是进行饲料原料和产品质量控制的最基本的方法，也是必须掌握的实验分析技术，对饲料进行化学分析主要是测定饲料的化学组成和各种营养成分的含量，是进行营养价值评定的基础。

　　感观检测或物理检测的方法可以给高风险原料提供非常有意义的信息。物理性状检验是指根据饲料的形态特征、物化特点鉴定饲料的质量或混杂物的方法，主要包括饲料感官鉴别、容重测定、浮选技术和显微镜检等方法。另外，也可以利用饲料特有的物理性状以及简单的化学方法对常用饲料原料的掺假进行鉴别。

　　饲料加工质量的衡量，除对成品的营养成分含量与配方的符合程度外，还应包括配合饲料粉碎粒度、混合均匀度、颗粒饲料粉化率和颗粒饲料硬度等指标。而在饲料企业中对检验室建设和实验室安全知识的掌握，应该非常有利于饲料品质监测工作的开展。

　　本书包含了七章内容：饲料检验的基本要求，饲料样品的采集、制备与保存，饲料物理性状检验，饲料常规成分分析，常用饲料原料掺假鉴别，饲料加工质量检测和饲料企业检验室的建设。本书的内容，不仅可以培养和训练学生掌握饲料分析的基本技能，满足研究/教学型大学本科生教学和培养的需要；而且贯穿了饲料企业对饲料品质控制的要求，因此是饲料和畜牧生产企业的技术人员的非常实用的参考书。

　　本书由华中农业大学彭健教授任主编，负责全书的内容筹划和安排以及绪论和全书各章节的修改和定稿。其他各章作者分别为：第一章，四川农业大学吴彩梅实验师；第二章，吉林农业大学杨连玉副教授；第三章，华中农业大学齐智利副教授；第四章，华中农业大学齐智利副教授、王艳青副教授以及西藏农牧学院刘锁珠副教授；第五章，华中农业大学马立保副教授；第六章，湖南农业大学沈维军副教授；第七章，华中农业大学齐德生教授。

　　在定稿过程中，华中农业大学齐德生教授进行了认真的审阅并提出了修改意见；华中农业大学理学院陈长水教授、钱辉跃高级实验师提出了宝贵意见，对此深表感谢！限于编者水平，错误和不当之处在所难免，恳请读者批评指正。

编　者

2008 年 5 月

目 录

前言
第一章 饲料检验的基本要求 1
  第一节 溶液的浓度及试剂规格 1
  第二节 常用实验设备与仪器 11
  第三节 实验数据的处理和分析 16
  小结 29
  思考题 29

第二章 饲料样品的采集、制备与保存 31
  第一节 样品的采集 31
  第二节 样品的制备 39
  第三节 样品的保存 43
  小结 43
  思考题 44

第三章 饲料物理性状检验 45
  第一节 饲料质量的感官鉴定 45
  第二节 饲料容重的测定 49
  第三节 饲料的浮选检测 52
  第四节 饲料的显微镜检测 54
  小结 60
  思考题 61

第四章 饲料常规成分分析 62
  第一节 水分的测定 62
  第二节 粗蛋白质的测定 64
  第三节 粗脂肪的测定 68
  第四节 粗纤维的测定 71
    附 中性洗涤纤维及酸性洗涤纤维的测定 73
  第五节 粗灰分的测定 76
  第六节 无氮浸出物的计算 78
  第七节 钙的测定 78
    附 乙二胺四乙酸二钠络合滴定快速测定钙 80

第八节　总磷的测定——分光光度法 …………………………………… 82
　　　　附　饲料级磷酸氢钙中磷的测定 ……………………………………… 84
　　第九节　水溶性氯化物的测定 …………………………………………… 85
　　　　附　水溶性氯化物快速测定方法 ……………………………………… 87
　　第十节　饲料燃烧热的测定 ……………………………………………… 88
　　小结 ………………………………………………………………………… 94
　　思考题 ……………………………………………………………………… 94

第五章　常用饲料原料掺假鉴别 …………………………………………… 95
　　第一节　常用能量饲料掺假鉴别 ………………………………………… 95
　　第二节　常用蛋白质饲料掺假鉴别 ……………………………………… 98
　　第三节　氨基酸添加剂原料掺假鉴别 …………………………………… 102
　　小结 ………………………………………………………………………… 104
　　思考题 ……………………………………………………………………… 104

第六章　饲料加工质量检测 ………………………………………………… 105
　　第一节　配合饲料粉碎粒度的测定方法 ………………………………… 105
　　第二节　配合饲料混合均匀度的测定方法 ……………………………… 106
　　第三节　颗粒饲料粉化率的测定方法 …………………………………… 112
　　第四节　颗粒饲料硬度的测定方法 ……………………………………… 114
　　小结 ………………………………………………………………………… 115
　　思考题 ……………………………………………………………………… 115

第七章　饲料企业检验室的建设 …………………………………………… 116
　　第一节　饲料企业检验室建设 …………………………………………… 116
　　第二节　实验室安全知识 ………………………………………………… 121
　　小结 ………………………………………………………………………… 129
　　思考题 ……………………………………………………………………… 129

主要参考文献 ………………………………………………………………… 130

第一章　饲料检验的基本要求

饲料检验就是通过人体感官或借助化学试剂和化验室的设备，客观地测定或评价饲料品质或其中特定成分的浓度或质量特性。通过检测确定饲料原料（或产品）是否具有规定的营养成分或符合规定的加工质量；同时，饲料中的有毒有害成分则不应超过标准，能从根本上保证饲料产品的质量。因此，饲料检验无论对饲料生产厂还是对养殖场来说，都具有重要意义。饲料检验是一项严肃、认真地工作。本章将从饲料检验常用溶液、常用仪器、数据处理、饲料检验实验室的安全等方面介绍饲料检验的基本要求。

第一节　溶液的浓度及试剂规格

一、饲料检验常用化学试剂及规格

（一）常用化学试剂的规格

1. 我国化学试剂规格的划分

我国的化学试剂规格基本上按纯度（杂质含量的多少）划分，共有高纯、光谱纯、基准、分光纯、优级纯、分析纯和化学纯 7 种。国家和相关主管部门颁布的质量指标主要包括优级纯、分级纯和化学纯 3 种。

（1）优级纯（guaranteed reagent，GR），又称一级品或保证试剂，纯度≥99.8%，这种试剂纯度最高，杂质含量最低，适合于重要精密的分析工作和科学研究工作，使用绿色瓶签。

（2）分析纯（analytial reagent，AR），又称二级试剂，纯度很高，纯度≥99.7%，略次于优级纯，适合于重要分析及一般研究工作，使用红色瓶签。

（3）化学纯（chemical pure，CP），又称三级试剂，纯度≥99.5%，纯度与分析纯相差较大，适用于工矿、学校一般分析工作，使用蓝色（深蓝色）标签。

2. 其他规格的试剂

（1）基准试剂（primary reagent，PT），专门作为基准物用，可直接配制标准溶液。

（2）光谱纯试剂（spectrum pure，SP），表示光谱纯净，用于光谱分析。分别用于分光光度计标准品，原子吸收光谱标准品，原子发射光谱标准品。但由于有机物在光谱上显示不出，所以有时主成分达不到 99.9% 以上，使用时必须注意，特别是作基准物时，必须进行标定。

（3）纯度远高于优级纯的试剂叫做高纯试剂（extra pure，EP）（纯度≥99.99%）。高纯试剂是在通用试剂基础上发展起来的，它是为了专门的使用目的而用特殊方法生产的纯度最高的试剂。它的杂质含量要比优级试剂低2个、3个、4个或更多个数量级。因此，高纯试剂特别适用于一些痕量分析，而通常的优级纯试剂就达不到这种精密分析的要求。目前，除对少数产品制定国家标准外（如高纯硼酸、高纯冰乙酸、高纯氢氟酸等），大部分高纯试剂的质量标准还没有统一，在名称上有高纯、特纯、超纯、光谱纯等不同叫法。

（二）试剂的选用

饲料检验涉及饲料常规成分分析、营养物质分析和有毒有害物质分析等。分析不同指标使用的分析方法不同，要求使用试剂的种类和级别也不同，应注意区分。

1. 选用原则

选用化学试剂的原则应根据检验方法的要求及样品含量来决定。对干扰因素较多、含微量物质的样品测定时，必须选用品级、纯度较高试剂。例如，微量元素测定必须用优级纯，其标准物必须用光谱纯试剂；作标准物的试剂必须选用品级高的试剂；一般的定性检验可选用实验试剂。一般来说，试剂纯度越高，试剂引起的误差就越小。但也不要过分强求这一点，否则会造成经济上不必要的损失或影响工作。总之，应把试剂的选用标准和要求同方法的精密度和灵敏度结合起来。

2. 核对瓶签

所用试剂须有瓶签，应核对品级、纯度、含有成分的百分率、不纯物（杂质）的最高数据和化学分子式。

3. 观察试剂性状有无变质

有些化合物本身不稳定，经过长期贮存逐渐发生分解、氧化、还原、聚合、升华、蒸发、沉淀析出等变化。一旦出现混浊、沉淀、颜色改变等，一般不再使用。但有的可重新蒸馏纯化后再用。

二、饲料检验中常用溶液的配制

（一）试剂配制的要求

试剂配制在饲料检验工作中是非常重要的工作之一，一切检验结果的准确性，必须有试剂的质量作为保证。因此，对饲料分析工作中的试剂配制，应有一定的要求。

1. 试剂恒重

部分化学试剂在存放过程中会吸收空气中的水分，如果直接称量配制，显然是不准确的。用适当的方法除去吸收的水分，使试剂恢复到吸潮前的状态，这一过程称为恒重。需要恒重的试剂在使用前必须进行恒重，但各种试剂的恒重方法不尽相同，常用试剂恒重的方法见表1-1。

表1-1 常用试剂的恒重方法

试剂名称	恒重方法
邻苯二甲酸氢钾（$KHC_8H_4O_4$）	100～120℃干燥至恒重
磷酸氢二钠（$Na_2HPO_4 \cdot 2H_2O$）	于研钵内研成细末，置浅皿中，在室温下置空气流通处2周以上，再置37℃温箱1～2天
四硼酸钠（$Na_2B_4O_7 \cdot 10H_2O$）	室温，在含NaCl及蔗糖的饱和溶液干燥器中干燥至恒重（此时玻璃棒搅拌时不再粘附）
硼酸（$H_3BO_3 \cdot H_2O$）	置于$CaCl_2$干燥器中干燥至恒重
草酸钠（$Na_2C_2O_4$）	130℃干燥1～1.5h
草酸（$H_2C_2O_4$）	置于$CaCl_2$干燥器中干燥至恒重
草酸（$H_2C_2O_4 \cdot 2H_2O$）	置空气中干燥或放在含有固体溴化钠及其饱和溶液的干燥器中（相对湿度为60%）干燥至恒重
碳酸钠（Na_2CO_3）	180～200℃干燥3h
氯化钠（NaCl）	110～120℃干燥24h
氯化钾（KCl）	120℃干燥48h
碳酸钙（$CaCO_3$）	110℃干燥12h
重铬酸钾（$K_2Cr_2O_7$）	100～110℃干燥3～4h
EDTA	150℃干燥至恒重
氧化镁（MgO）	800℃灼烧至恒重
氧化锌（ZnO）	800℃灼烧至恒重
锌（Zn）	室温，干燥器中干燥24h以上

2. 试剂的纯化与称重

部分试剂在贮存过程中会发生氧化、分解、聚合等反应，使其变得不符合使用要求；另有些则因本身纯度不够，因而在使用前需对这些试剂进行一定的处理，使其纯度满足需要，这一过程称为纯化。试剂的称重是决定所配试剂浓度准确与否的关键一环，称重必须准确。一般固体试剂称取，应用称量瓶、玻璃纸等盛放试剂。一般不用普通纸盛放试剂，尤其是粗糙的纸。对易潮解、易挥发的试剂称量应迅速。标准物须用万分之一天平称取。

3. 溶剂

试剂配制中的溶剂一般为蒸馏水，特殊试剂或非水溶剂的试剂应标注清楚。普通蒸馏水中含有二氧化碳、挥发性酸、氨和微量金属离子。当分析有特殊要求时，要对水进行特殊处理，如重蒸或去离子。用电导率（0.1Ms/cm）可以判断水的离子数量，但不能表示出有机物的污染。本节试剂配制所用的水，除另有特殊说明外，应符合 GB-6682 中三级水标准，所用试剂皆为分析纯。

试剂配好后，要在试剂瓶上写明名称、浓度、配制时间，必要时可注明用途、用量。

（二）溶液配制的方法

1. 直接配制法

准确称取一定量基准物质，用水溶解后再稀释至一定体积；适用于标准溶液和一般溶液的配制。

可以作为基准物质试剂应满足的条件：

（1）纯度≥99.95%，杂质<0.01%～0.02%。

（2）实际组成与分子式相符，尤其是含结晶水的物质。

（3）性质稳定，在固态、液态中均不发生变化，不吸潮、不分解、不挥发、不吸收二氧化碳。

（4）有较高的摩尔质量。

2. 间接配制法（标定法）

配制标准溶液所用的化学物质不符合基准物质的条件时，不能直接配准，只能配成近似所需的浓度的溶液，然后标定其准确浓度，如酸碱溶液、$KMnO_4$ 溶液、$Na_2S_2O_3$ 溶液的配制，即用间接法。

（三）饲料检验中常用溶液的配制

1. 饱和二氧化硫溶液

将二氧化硫气体在常温下（15～25℃）通入水中，直至饱和为止。使用前制备。

2. 饱和硫化氢溶液

将硫化氢气体通入无氧二氧化碳水中，直至饱和为止。使用前制备。

3. 乙酸铅碱溶液

称取 5g 乙酸铅 [$Pb(CH_3COO)_2 \cdot 3H_2O$] 和 15g 氢氧化钠，溶于 80mL 水中，定容至 100mL。

4. 0.1%二乙基二硫代氨基甲酸钠溶液

称取 0.1g 二乙基二硫代氨基甲酸钠（铜试剂），溶于水，定容至 100mL。有效期为一个月。

5. 2,4-二硝基苯肼溶液（1g/L）

称取 0.05g 2,4-二硝基苯肼，溶于 25mL 无羰基甲醇和 2mL 浓盐酸的混合溶液中，用水定容至 50mL。有效期为两周。

无羰基甲醇的制备：量取 2000mL 99.9%(V/V) 的甲醇，注入 2500mL 蒸馏瓶中，加 10.0g 2,4-二硝基苯肼和 0.5mL 浓盐酸，在水浴上回流 2h，加热蒸馏，弃去最初的 50mL 蒸馏液，收集蒸馏液贮存于棕色具塞瓶中。

按以上方法制备的无羰基的甲醇，应达到下述要求：按 GB-9733 之规定测定，羰基含量≤0.001%(V/V)。

6. 孔雀石绿溶液（2g/L）

称取 0.2g 孔雀石绿，溶于水，定容至 100mL。

7. 双硫腙三氯甲烷（或四氯甲烷）溶液（0.01g/L）

称取 0.001g 双硫腙，溶于 99.0%(V/V) 的三氯甲烷（或四氯甲烷）中，用 99.0%(V/V) 的三氯甲烷（或四氯甲烷）定容至 100mL。有效期为两周。

8. 氢氧化钾-乙醇溶液（0.1mol/L）

称取 7.5g 氢氧化钾，溶于 100mL 水中，用 95.0%(V/V) 的乙醇定容至 1000mL。静置 24h，取上层清液使用。

9. 氢氧化钾-甲醇溶液

将15mL氢氧化钾溶液（330g/L）与50mL无羰基甲醇溶液混合。有效期为两周。

10. 费林溶液

溶液Ⅰ：称取34.7g硫酸铜（$CuSO_4 \cdot 5H_2O$），溶于水，并定容至500mL。

溶液Ⅱ：称取173g酒石酸钾钠（$C_4H_4KNaO_6 \cdot 4H_2O$）和50g氢氧化钠，溶于水，并定容至500mL。

使用时将溶液Ⅰ与溶液Ⅱ按1+1体积比混合。

11. 盐酸苯肼溶液（10g/L）

称取1g盐酸苯肼，溶于水，并定容至100mL。使用前制备。

12. 铁-亚铁混合液

称取10g硫酸亚铁铵$[(NH_4)_2Fe(SO_4)_2 \cdot 6H_2O]$和1g硫酸铁铵$[NH_4Fe(SO_4)_2 \cdot 12H_2O]$，溶于水，加5mL 20%硫酸溶液，再用水定容至100mL。

13. 淀粉-碘化锌溶液

溶液Ⅰ：称取2.0g可溶性淀粉与20mL水混合，注入200mL沸水中，加10g氯化锌，溶解。

溶液Ⅱ：称取0.5g金属锌粉和1g碘，加10mL水，搅拌至黄色消失，过滤。将滤液煮沸，冷却。

将溶液Ⅱ注入冷却后的溶液Ⅰ中，混匀，用水定容至500mL。贮存于棕色瓶中。有效期为一周。

按以上方法制备的淀粉-碘化锌溶液应符合下述要求：量取1mL淀粉-碘化锌溶液，加50mL水、3mL（1+5）硫酸溶液，混匀，溶液不得呈现蓝色。在该溶液中加1滴碘酸钾溶液$[c(1/6KIO_3)=0.01mol/L]$，混匀应立即产生蓝色。

14. 1,10 菲啰啉溶液

称取0.5g 1,10 菲啰啉溶液（$C_{12}H_8N_2 \cdot H_2O$）或1,10 菲啰啉盐酸盐（$C_{12}H_8N_2 \cdot HCl \cdot H_2O$），溶于0.2mol/L乙酸-乙酸钠缓冲溶液（pH3）中，用0.2mol/L乙酸-乙酸钠缓冲溶液（pH3）定容至100mL。

15. 铬酸溶液（100g/L）

称取 100g 三氧化铬，溶于 35％硫酸溶液中，用 35％硫酸溶液定容至 1000mL。

16. 氯化亚锡盐酸溶液（400g/L）

称取 40g 氯化亚锡（$SnCl_2 \cdot 2H_2O$），置于干燥的烧杯中，溶于 40mL 盐酸，用水定容至 100mL。

17. 氯化铁溶液（100g/L）

称取 10g 三氯化铁（$FeCl_3 \cdot 6H_2O$），溶于（1＋9）盐酸溶液中，用（1＋9）盐酸溶液定容至 100mL。

18. 硫酸铜溶液（20g/L）

称取 2g 硫酸铜（$CuSO_4 \cdot 5H_2O$），溶于水，加两滴硫酸，用水定容至 100mL。

19. 硫酸亚铁溶液（50g/L）

称取 5g 硫酸亚铁（$FeSO_4 \cdot 7H_2O$），溶于适量水中，加 10mL 硫酸，用水定容至 100mL。

20. 硫酸锰混合酸溶液

称取 67g 硫酸锰（$MnSO_4 \cdot H_2O$），溶于 500mL 水中，加 138mL 磷酸，用水定容至 1000mL。

21. 硫酸银溶液

称取 1g 硫酸银，溶于 50mL 40％硫酸溶液中，用水定容至 100mL。

22. 硫酸钾乙醇溶液

称取 0.02g 硫酸钾，溶于 30％乙醇溶液中，用 30％乙醇溶液定容至 100mL。

23. 磷酸二氢钠溶液（200g/L）

称取 0.2g 磷酸二氢钠（$NaH_2PO_4 \cdot 2H_2O$），溶于水，加 1mL 20％硫酸溶

液，稀释至 100mL。

24. 普通酸碱溶液的配制见表 1-2

表 1-2 普通酸碱溶液的配制

名称 （分子式）	密度 （ρ）	质量分数 （ω）	近似浓度 /(mol/L)	欲配溶液的浓度/(mol/L)			
				6	3	2	1
				配制 1L 溶液所需的毫升数（或克数）			
盐酸（HCl）	1.18～1.19	36～38	12	500	250	167	83
硝酸（HNO_3）	1.39～1.40	65～68	15	381	191	128	64
硫酸（H_2SO_4）	1.83～1.84	95～98	18	84	42	28	14
冰醋酸（HAc）	1.05	99.9	17	358	177	118	59
磷酸（H_3PO_4）	1.69	85	15	39	19	12	6
氨水（$NH_3 \cdot H_2O$）	0.90～0.91	28	15	400	200	134	77
氢氧化钠（NaOH）				(240)	(120)	(80)	(40)
氢氧化钾（KOH）				(339)	(170)	(113)	(56.5)

三、饲料检验中常用缓冲溶液的配制

能对抗外来少量强酸、强碱或稍加稀释不引起溶液 pH 发生明显变化的作用叫做缓冲作用；具有缓冲作用的溶液叫做缓冲溶液。

一般缓冲溶液都是由一共轭酸及一共轭碱所组成。"酸性"缓冲液含有一弱酸及其盐（共轭碱）；"碱性"缓冲液含有弱碱及其盐（共轭酸）。共轭酸和共轭碱一起可阻止溶液 pH 发生剧烈变化。当向溶液中加入 H^+ 时，共轭碱可与之部分地结合而生成共轭酸，H^+ 不再呈游离状态存在；当加入 OH^- 时，则共轭酸与之结合生成水及共轭碱，使 OH^- 不再以游离状态存在而影响溶液的酸碱度。缓冲液只有同时含有这两种物质时才具有缓冲作用，这两种物质组成缓冲对或缓冲系。

缓冲液维持 pH 恒定的效力大小用缓冲容量表示。缓冲容量即使 1L 溶液的 pH 改变 1 个 pH 单位时所需要的酸（或碱）的物质的量。缓冲容量取决于盐与酸（或碱）的真实浓度以及两者的比值。缓冲液的浓度越大，缓冲容量越大，一般缓冲液总浓度在 0.05～0.2mol/L。当总浓度固定，盐与酸（或碱）的比值为 1 时，其缓冲容量最大；如果两者比值相差 10 倍以上，缓冲能力就很小。为此，在配制缓冲溶液时，要选择适当的缓冲对，使配制溶液的 pH 在所选择缓冲溶液的缓冲范围，约在相当于 $pKa \pm 1$ 的 2 个 pH 范围内。

饲料检验中常用的几种缓冲液的配制方法如下：

1. 氯化钾-盐酸缓冲溶液

0.2mol/L KCl/mL	50	50	50	50	50	50	50
0.2mol/L HCl/mL	97.0	64.3	41.5	26.3	16.6	10.6	6.7
水/mL	53.0	85.5	108.5	123.7	133.4	139.4	143.3
pH(20℃)	1.0	1.2	1.4	1.6	1.8	2.0	2.2

2. 邻苯二甲酸氢钾-盐酸缓冲溶液

0.2mol/L $KHC_8H_4O_4$/mL	50	50	50	50	50
0.2mol/L HCl/mL	46.70	32.95	20.32	9.9	2.63
水/mL	103.30	117.05	129.68	140.10	147.37
pH(20℃)	2.2	2.6	3.0	3.4	3.8

3. 邻苯二甲酸氢钾-氢氧化钠缓冲溶液

0.2mol/L $KHC_8H_4O_4$/mL	50	50	50	50	50
0.2mol/L NaOH/mL	0.4	7.50	17.70	29.95	39.85
水/mL	149.60	142.50	132.20	120.05	110.15
pH(20℃)	4.0	4.4	4.8	5.2	5.6

4. 乙酸-乙酸钠缓冲溶液

0.2mol/L HAc/mL	185	164	126	80	42	19
0.2mol/L NaAc/mL	15	36	74	120	158	181
pH(20℃)	3.6	4.0	4.4	4.8	5.2	5.6

5. 磷酸二氢钾-氢氧化钠缓冲溶液

0.2mol/L KH_2PO_4/mL	50	50	50	50	50	50
0.2mol/L NaOH/mL	3.72	8.60	17.80	29.63	39.50	45.20
水/mL	146.26	141.20	132.20	120.37	110.50	104.80
pH(20℃)	5.8	6.2	6.6	7.0	7.4	7.8

6. 硼砂-氢氧化钠缓冲溶液

0.2mol/L 硼砂/mL	90	80	70	60	50	40
0.2mol/L NaOH/mL	10	20	30	40	50	60
pH(20℃)	9.35	9.48	9.66	9.94	11.04	12.32

7. 氯化铵-氨水缓冲溶液

0.2mol/L NH$_3$·H$_2$O/mL	1	1	1	1	1	1
0.2mol/L NH$_4$Cl/mL	32	8	2	1	1	1
pH(20℃)	8.0	8.58	9.1	9.8	10.4	11.0

8. 其他常用缓冲溶液的配制

pH	配制方法
3.6	NaAc·3H$_2$O 8g，溶于适量水中，加 6mol/L HAc 134mL，稀释至 500mL
4.0	NaAc·3H$_2$O 20g，溶于适量水中，加 6mol/L HAc 134mL，稀释至 500mL
4.5	NaAc·3H$_2$O 32g，溶于适量水中，加 6mol/L HAc 68mL，稀释至 500mL
5.0	NaAc·3H$_2$O 50g，溶于适量水中，加 6mol/L HAc 34mL，稀释至 500mL
8.0	NH$_4$Cl 50g，溶于适量水中，加 15mol/L NH$_3$·H$_2$O 3.5mL，稀释至 500mL
8.5	NH$_4$Cl 40g，溶于适量水中，加 15mol/L NH$_3$·H$_2$O 8.8mL，稀释至 500mL
9.0	NH$_4$Cl 35g，溶于适量水中，加 15mol/L NH$_3$·H$_2$O 24mL，稀释至 500mL
9.5	NH$_4$Cl 30g，溶于适量水中，加 15mol/L NH$_3$·H$_2$O 65mL，稀释至 500mL
10	NH$_4$Cl 27g，溶于适量水中，加 15mol/L NH$_3$·H$_2$O 197mL，稀释至 500mL

四、饲料检验中常用酸碱指示剂的配制

常用酸碱指示剂见表 1-3，混合酸碱指示剂见表 1-4。

表 1-3 常用酸碱指示剂配制

指示剂	pKa	变色范围（pH）	酸 色	碱 色	配制方法
百里酚蓝（麝香草酚蓝）	1.65	1.2～2.8	红	黄	1g/L 的 20%乙醇溶液
甲基橙	3.4	3.1～4.4	红	橙黄	0.5g/L 水溶液
甲基红	5.0	4.4～6.2	红	黄	1g/L 的 60%乙醇溶液
溴甲酚绿	4.9	3.8～5.4	黄	蓝	0.1g 指示剂溶于 2.9mL 0.05mol/L NaOH 溶液，加水稀释至 100mL
溴百里酚蓝（麝香草酚蓝）	7.3	6.2～7.3	黄	蓝	1g/L 的 20%乙醇溶液
中性红	7.4	6.8～8.0	红	黄橙	1g/L 的 60%乙醇溶液
百里酚蓝（第二变色范围）	9.2	8.0～9.6	黄	蓝	1g/L 的 20%乙醇溶液
酚酞	9.4	8.0～10.0	无色	红	5g/L 的 90%乙醇溶液
百里酚蓝	10.0	9.4～10.6	无色	蓝	1g/L 的 90%乙醇溶液

表 1-4 混合酸碱指示剂

指示剂组成（体积比）	变色点（pH）	酸色	碱色	备注
1 份 1g/L 甲基橙水溶液 1 份 1g/L 靛蓝二磺酸钠水溶液	4.1	紫	绿	灯光下滴定
1 份 0.2g/L 甲基橙水溶液 1 份 1g/L 溴甲酚绿钠盐水溶液	4.3	橙	蓝紫	pH 3.5 黄色 pH 4.05 绿黄 pH 4.3 浅绿
3 份 1g/L 溴甲酚绿 20% 乙醇溶液 1 份 2g/L 甲基红 60% 乙醇溶液	5.1	酒红	绿	颜色明显变化
1 份 2g/L 甲基红乙醇溶液 1 份 1g/L 次甲基蓝乙醇溶液	5.4	红紫	绿	pH 5.2 红紫 pH 5.4 暗蓝 pH 5.6 绿色
1 份 1g/L 溴甲酚钠盐水溶液 1 份 1g/L 氯酚红钠盐水溶液	6.1	黄绿	蓝紫	pH 5.6 蓝绿 pH 5.8 蓝色 pH 6.0 浅紫 pH 6.2 蓝紫
1 份 1g/L 溴甲紫钠盐水溶液 1 份 1g/L 溴百里酚蓝盐水溶液	6.7	黄	紫蓝	pH 6.2 黄紫 pH 6.6 紫色 pH 6.8 蓝紫
1 份 1g/L 中性红乙醇溶液 1 份 1g/L 次甲基蓝乙醇溶液	7.0	蓝紫	紫蓝	pH 7.0 为蓝紫时 必须存于棕色瓶
1 份 1g/L 甲酚红钠盐水溶液 3 份 1g/L 百里酚蓝钠盐水溶液	8.3	黄	绿	pH 8.2 玫瑰色 pH 8.4 紫色
1 份 1g/L 百里酚蓝 50% 乙醇溶液 3 份 1g/L 酚酞 50% 水溶液	9.0	黄	紫	pH 9.0 绿色

第二节 常用实验设备与仪器

一、饲料检验常用仪器

饲料检验通常需要借助一些仪器设备来完成。例如，样品的称量需要不同精度的天平；滴定分析时需要滴定管；加热时需要电炉或水浴锅。精确定量分析时还需要使用现代精密仪器，如分析饲料中维生素 C（Vc）含量要使用高效液相色谱仪。现将饲料检验常用仪器列于表 1-5 中，其中带有"*"者为大中型分析室必备仪器。

表 1-5　饲料检验常用仪器一览表

名　称	规格型号
*分析天平	精度为 0.0001g
分析天平	精度为 0.001g
台秤	精度为 0.01g
药物托盘天平	精度为 0.1g
植物样品粉碎机	筛孔内径：0.5mm、1mm、1.5mm
标准试验筛	筛孔内径/mm：0.84、0.42、0.25、0.149
可调电炉	1000W，最高控制温度 1200℃
消化炉	24 孔
干燥箱	400mm×400mm×500mm，额定温度 500℃，控温范围 50～300℃
水浴锅	4 孔
高温电阻炉	50～950℃可调，控温精度±0.1℃
*去离子水器	5L/h
*高效液相色谱仪	带自动进样器
*氨基酸自动分析仪	
*气相色谱-质谱联用仪	
*液相色谱-质谱联用仪	
*细菌培养箱	
*霉菌培养箱	
*超声波清洗器	
*脂肪自动分析仪	6 孔
*原子吸收分光光度计	带多元素空心阴极灯
*荧光光度计	
*傅里叶近红外分析仪	
*能量分析仪	
*气相色谱仪	
*液相制备色谱	
真空泵	1L/min
磁力搅拌器	可加热式
pH 计	精度为 0.02
离心机	1.5mL 钻头 10000r/min，10mL 钻头 5000r/min
*离心机	50mL 钻头 10000r/min 可控温
显微镜	立体
*倒置显微镜	可自动拍照
分光光度计	721 型波长 400～900nm，722 型波长 200～900nm
纤维素测定仪	6 孔

在使用这些仪器时,要保证仪器处于正确状态,如天平要调平。同时,还应采用正确的分析方法、正确操作仪器,只有这样才能保证分析结果的可靠性。

二、一般器皿要求

1. 玻璃仪器

根据玻璃的性质不同可将玻璃制成不同的玻璃仪器。

软质玻璃:普通玻璃,膨胀系数大,骤热与剧冷易破裂,可用作试剂瓶、量筒、漏斗。

硬质玻璃:硼硅玻璃,膨胀系数小,耐热,耐温差(300℃),耐腐蚀,可做烧杯、试管、烧瓶、冷凝管和一些精密量器。

石英玻璃:膨胀系数小,耐高温(1050℃),耐腐蚀,可溶性杂质少,对紫外光吸收少,可做比色皿和双重蒸馏器的加热管。

需要特别注意的是:

(1)HF不能与玻璃器皿接触,生成挥发性的SiF_4。

(2)磷酸在加热的情况下对玻璃器皿有腐蚀作用。

(3)玻璃器皿怕碱。

(4)玻璃塞长期不用,应在磨口处涂上凡士林或用纸隔开;盛碱的试剂瓶用胶塞。

饲料检验中将应用大量的玻璃器皿,现将饲料检验中常用玻璃器皿列于表1-6。

表1-6 饲料检验中常用玻璃器皿

名 称	规格型号
凯氏定氮装置	
索氏脂肪抽提仪	
烧杯	50mL,100mL,250mL,1000mL,2000mL
烧杯(高脚)	600mL
容量瓶	50mL,100mL,250mL,500mL,1000mL
量筒	10mL,25mL,50mL,100mL,1000mL,2000mL
三角烧瓶	150mL,250mL,500mL,1000mL
移液管	1mL,2mL,5mL,10mL,25mL,50mL
刻度吸量管	1mL,2mL,5mL,10mL
凯氏烧瓶	250mL
干燥器	Φ210mm
短颈圆底烧瓶	500mL,1000mL,3000mL

续表

名　称	规格型号
滴定台	瓷板
水银温度计	控温范围 0～300℃
三角漏斗	上孔径：Φ45mm，Φ60mm，Φ90mm
布氏漏斗	Φ65mm
玻璃砂漏斗	50mL
表面皿	Φ8cm，Φ5cm
称量瓶	50mm×30mm
磨口试剂瓶	100mL，200mL，500mL，1000mL
棕色磨口试剂瓶	10mL，200mL，500mL
滴瓶	50mL
棕色滴瓶	50mL
冷凝管	
玻璃管	Φ5mm
玻璃棒	Φ4mm
搪瓷盘	300cm×200cm
搪瓷盘（带盖）	200cm×150cm
滴定管（酸式）	25mL，50mL
滴定管（碱式）	25mL，50mL
微量滴定管	5mL，10mL
抽滤瓶	1000mL，3000mL

2. 瓷、玛瑙器皿

瓷：抗机械撞击力、耐高温（1410℃）和对酸碱的稳定性均优于玻璃，可做坩埚、瓷盘、漏斗、点滴板和研钵。

瓷坩埚是用硅酸盐材料制成的，表面涂一层釉，广泛用于饲料样品前处理和灰分的测定。使用温度可达 900℃，长期使用或温度过高都会使釉面损伤。一旦釉面损伤就会渗漏或表面不光滑，难以清洗干净而污染样品。所以，釉面损伤的瓷坩埚不能再用。瓷坩埚不能用碱和氢氟酸处理，也不能处理含碱的样品，如碳酸钠、氢氧化钠等。清洗时只能用酸浸泡，再用水冲洗。

玛瑙：玛瑙是一种贵重的矿石，主要成分为二氧化硅，其稳定性高，而且硬度又大，所以可做分析天平刀口、研钵。

使用玛瑙研钵时应注意以下问题：

（1）不许与氢氟酸接触。
（2）不许放在热处，如不能放在烘箱内烘烤。
（3）遇有大块或晶体样品，应在外面敲碎，再放入研磨。
（4）研钵使用后要用水洗净，必要时可用稀酸洗涤，再用水冲净。如果仍不干净，可放入少许食盐研磨后，冲净。必要时可放入少许海砂研磨以清除污渍。
（5）硬度过大或颗粒过粗的样品，最好不用玛瑙研钵，以免划坏表面。

3. 塑料器皿

普通塑料制品是聚乙烯、聚丙烯或聚氯乙烯的热塑制品。其化学稳定，机械性能比较好，高温（55℃）变形，易受浓酸氧化剂、有机溶剂的侵蚀。其可做洗瓶、试管、一次性离心管等。聚四氟乙烯有较强的耐热和抗腐蚀能力，可做成烧杯、搅拌棒等。

三、器皿的洗涤

器皿在进行分析工作前必须洗净，洗净的器皿内壁能被水均匀湿润，不得挂有条纹或水珠。

1. 洗液

（1）重铬酸钾溶液：100g 重铬酸钾加入 350mL 蒸馏水，再加入浓硫酸至 1000mL，深褐色用久会变成绿色，此时氧化能力下降，可加入少量高 $KMnO_4$ 再生。
（2）$NaOH$-$KMnO_4$ 洗液：4g $KMnO_4$ 溶于少量水中，加入 100mL 10%(V/V)$NaOH$，用于清洗油脂和有机物。
（3）碱性酒精：在 95.0%(V/V) 酒精加入等体积 30%(V/V)$NaOH$ 溶液。
（4）当器皿内吸附金属离子时，可以用 HCl 或 HNO_3 洗涤，30%(V/V)HNO_3 可以用来清洗比色皿，5%~10%(V/V)HNO_3 可洗瓷器。
（5）还原性洗液：草酸-稀硫酸、亚硫酸钠-稀硫酸、硫酸亚铁-稀硫酸。
（6）肥皂水、洗涤剂。

2. 洗涤方法

（1）新的玻璃器皿在不同程度上含有游离碱，应先放入 2%(V/V) 盐酸中浸泡数小时，取出后，用自来水反复冲洗，再用温肥皂水浸泡、洗刷，用自来水冲干净。最后经蒸馏水冲洗 3 次，晾干或烘干备用。
（2）一般器皿，可先肥皂水、洗衣粉或去污粉洗净，再用蒸馏水冲数次。注意：量器、用于精密分析的器皿、比色杯不可用去污粉清洗。

(3) 油污较多或长期不用的器皿，用水冲净，用重铬酸钾、碱性酒精、NaOH-KMnO₄ 等洗液浸泡，然后再按一般器皿的清洗办法清洗。

(4) 塑料器皿一般不用重铬酸钾洗涤浸泡，可用（1+3）硝酸或（1+2）氨水浸泡。

(5) 有 $AgNO_3$ 污染的器皿可用（1+3）的硝酸清洗。

(6) 铁锈、钙盐、金属氢氧化物污染的器皿可用 1+3 盐酸清洗。

第三节　实验数据的处理和分析

一、分析检验中的误差

饲料分析是一门实践性很强的学科，分析检验后要对大量的实验数据进行科学的处理，去伪存真，最后得到符合客观实际的正确结论。然而，在分析过程中许多因素都会影响到分析结果，如仪器的性能、玻璃量器的准确性、试剂的质量、分析测定的环境和条件、分析人员的素质和技术熟练程度、采样的代表性及选用的分析方法的灵敏度等。即使是同一样品，用同样的方法、同一操作人员，在不改变任何条件的情况下，进行平行实验，也难以获得相同的数据。因此说，误差的存在是客观的。

（一）误差产生的原因

分析结果与真实值之间的差值称为误差。它有正负之分，分析结果大于真实值，误差为正，分析结果小于真实值，误差为负。根据误差的性质与原因，将误差分为系统误差和偶然误差两大类。

1. 系统误差

系统误差又称可测误差，它是由检测操作过程中某些固定的原因造成的，对测得结果的影响比较固定。它具有单向性，即大小、正负都有一定的规律性，可预先估计。当重复进行检验分析时会重复出现。若找出原因，即可设法减小到可忽略的程度。

系统误差可根据其产生的原因分为以下几种：

（1）方法误差：它是由分析方法本身所造成的。例如，在称量分析中，出于沉淀的溶解、共沉淀现象、灼烧时沉淀的分解或挥发等因素；滴定分析中反应进行得不完全；指示剂的终点与化学计量点不一致以及滴定时发生副反应等，都会导致分析结果偏高或偏低。

（2）仪器误差：仪器误差是由仪器本身不够精确或未经校正引起的。例如，天平不等臂、砝码数值不准确、容量器皿、仪表刻度不准确，坩埚灼烧后失重等，都会产生系统误差。

(3) 试剂误差：它是由于使用的试剂不纯或蒸馏水不纯，含有被测物或干扰物所引起的误差。

(4) 操作误差：由于分析人对操作不熟练，个人对终点颜色的敏感性不同，判断偏深或偏浅，对刻度读数不正确等引起的检验误差。例如，操作者在称取试样时未注意防止试样的吸湿；洗涤沉淀时洗涤过分或不充分；灼烧沉淀时温度过高或过低；称量沉淀时坩埚及沉淀未完全冷却；在滴定分析中对滴定终点的颜色判断偏深或偏浅；读取滴定管刻度值时偏高或偏低；精密仪器手动进样进样量的判断偏高或偏低等。

系统误差的出现是必然的，但可用各种办法加以校正，使系统误差接近消除。

2. 偶然误差

偶然误差又称不可测误差或随机误差，它是由一些难以控制、无法避免的偶然因素引起的。例如，测定时气温、气压、湿度和仪器的微小变化等的影响都会使分析数值在一定范围内波动。这种误差是由一些不确定的因素造成的，因而它是可变的，正负、大小难以预测，在分析操作中也是不可避免的。但只要进行多次测定，便会发现数据的分布服从正态分布规律（随机统计规律，又称高斯分布曲线）。其主要持点为：①在一定的条件下，在有限次数测量值中，其误差的绝对值不会超过一定界限。②同样大小的正负值的偶然误差，几乎有相等的出现概率，小误差出现的概率多，大误差出现的概率小，特别大的误差出现的概率非常小。

偶然误差的这种规律可用图 1-1 中的曲线表示，即误差的正态分布曲线。

由上述规律可以得出，随着测定次数的增加，多次测定结果的平均数值更接近于真实值。实验表明，测定的次数不多时，偶然误差随测定次数的增加而迅速减小；当测定多于 10 次以上时，误差减小到不很显著的数值。

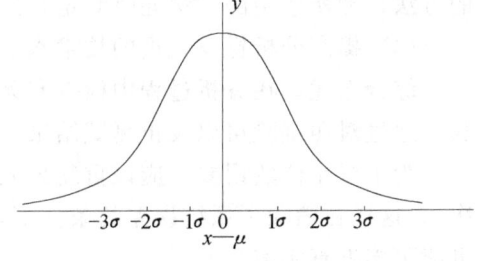

图 1-1 误差的正态分布曲线
（杜书英，2002）

应该指出，这两类误差的划分并非是绝对的，有时很难区别。例如，判断滴定终点的迟早、观察颜色的深浅，有系统误差也有偶然误差。偶然误差较系统误差更具有普遍意义。

检验工作中的"过失误差"不属于这两类误差。在实际工作中，由于操作人员的粗心大意或未按操作规程办事，造成误差，如溶液溅失、加错试剂、读错或记错数据、计算错误等，这些都是不应该有的现象，称之为过失误差。只要操作者认真细心，严格执行操作规程，养成良好的工作作风，这种过失是能避免的。不允许把过失误差当作偶然误差。

(二) 误差的减免

要提高分析结果的准确度，必须考虑在分析工作中可能产生的各种误差，采取有效的措施，将这些误差减小到最小。

消除系统误差可以采取以下措施：

(1) 做空白试验：空白试验是指在不加试样的情况下，按试样分析过程在同样的操作条件下进行的分析，所得结果的数值称为空白值。然后，从试样结果中扣除此空白值就可得到比较可靠的分析结果。空白试验可用于消除由试剂、溶剂、器皿带进的杂质而造成的系统误差。

(2) 校正仪器：分析测定中，具有准确体积和质量的仪器，如滴定管、移液管、容量瓶和分析天平砝码等都应进行校正，以消除仪器不准所引起的系统误差。因为这些测量数据都是参加分析结果计算的。

(3) 做对照试验：对照试验就是用同样的分析方法，在同样的条件下，用标准样品代替试样进行的平行测定。标样中待测组分的含量是已知的，且与试样中的含量相近。将对照试验的测定结果与标样的已知含量相比，其比值即为校正系数。

$$校正系数 = \frac{标准试样组分的标准含量}{标准试样组分测得的含量}$$

则试样中被测组分含量的计算为：被测试样组分含量 = 测得含量 × 校正系数

除采用标准样品进行对照试验外，还可以采用标准方法（如 GB 或 GB/T 中的方法）和所选用的方法同时测定某试样，以检验所选用方法的准确性。

(4) 提高分析操作人员的技术水平，以减少操作误差。

综合上述，在分析过程中检查有无系统误差存在，做对照试验是最有效的方法。通过对照试验可以校正测试结果、消除系统误差。

为了减小偶然误差，应该重复做几次平行实验并取其平均值（一般为 2～4 次），这样在消除了系统误差的条件下，可使正负偶然误差几乎抵消，平均值就可能更接近真实值。

二、误差的表示方法

1. 准确度和误差

准确度是指测定值与真实值的符合程度，它主要反映测定系统中存在的系统误差和偶然误差的综合性指标，它决定了检验结果的可靠程度。准确度通常用误差来表示。

对单次测定值：

$$绝对误差 = \chi - \chi_t$$

$$\text{相对误差} = \frac{\chi - \chi_t}{\chi_t} \times 100\%$$

对一组测定值:

$$\text{绝对误差} = \bar{\chi} - \chi_t$$

$$\text{相对误差} = \frac{\bar{\chi} - \chi_t}{\chi_t} \times 100\%$$

其中,

$$\bar{\chi} = \frac{1}{n}\sum_{i=1}^{n}\chi_i$$

2. 精密度和偏差

精密度指在一定的条件下,进行多次平行测定时,每一次测定结果相互接近的程度。精密度是由偶然误差造成的,它反映了分析方法的稳定性和重现性,通常用偏差来表示。测定值越集中,偏差越小,精密度越高;反之测定值越分散,偏差越大,精密度越低。精密度的高低可用相对偏差、相对平均偏差、标准偏差(标准差)、变异系数来表示。

$$\text{相对偏差} = \frac{\chi_i - \bar{\chi}}{\bar{\chi}} \times 100\%$$

$$\text{相对平均偏差} = \frac{\sum_{i=1}^{n}|\chi_i - \bar{\chi}|}{n\bar{\chi}} \times 100\%$$

$$\text{标准偏差}\ S = \sqrt{\frac{\sum_{i=1}^{n}(\chi_i - \bar{\chi})^2}{n-1}}$$

$$\text{变异系数}\ CV = \frac{S}{\bar{\chi}} \times 100\%$$

式中,χ_i——各次测定值,$i=1, 2, \cdots, n$;$\bar{\chi}$——多次测定值的算术平均值;n——测定次数。

饲料检验中概略养分分析中各项指标允许的偏差如表1-7所示。

表1-7 概略养分分析中各项指标允许的偏差

测试项目	含量	允许偏差
水分		0.2%
粗脂肪	>10%	3%
	<10%	5%
粗灰分	>5%	1%
	<5%	5%

续表

测试项目	含 量	允许偏差
钙	>5%	3%
	<1%	10%
	1%~5%	5%
磷	>0.5%	3%
	<0.5%	10%
粗蛋白	>25%	1%
	10%~25%	2%
	<10%	3%

3. 准确度和精密度的关系

准确度和精密度是评价分析结果的两种不同的方法。准确度越高说明测定结果与真实值越接近；精密度高说明测定结果稳定，重复性好。在进行分析测定时，测定的精密度高，并不一定准确度就高；而准确度高一定要求精密度高。对于一个合乎要求的分析测定结果，应同时有比较高的精密度和准确度。因此，应将分析中的系统误差和偶然误差综合起来考虑，以提高分析结果的准确度。

三、有效数字及其应用

当记录与表达数据结果时，不仅要反映测量值的大小，而且还要反映测量值的准确程度。通常用有效数字来反映测量值的可信程度。有效数字是客观存在的，不是人们主观决定的，有效数字保留少了，意味着人为地降低了仪器的精度和测量值的可信程度。

（一）有效数字的概念

有效数字是指在分析检验工作中实际测量到和运算中得到的数字，通常包括全部准确数字和一位不确定的可疑数字。即在有效数字中，只有最后一位数字是可疑的，除另有说明外，一般可理解为在可疑数字的位上有±1个单位的误差。在记录测量所得数据时，应当、也只允许保留一位可疑数字，既不允许增加位数，也不应该减少位数。

（二）有效数字的确定

（1）数字中有"零"时，"零"可以是有效数字，也可能是非有效数字。有效数字中间的"零"都是有效数字。例如，2.0001中的"零"都为有效数字。在数字前面的"零"只起定位作用，不是有效数字。例如，0.0032g中3个

"零"都不是有效数字。对于没有小数位且以若干个零结尾的数值，从非零数字最左一位向右数得到的位数减去无效零（即仅为定位用的零）的个数。例如，4500，若有两个无效零，则为两位有效数字，应写为 $45×10^2$；若有一个无效零，则为三位有效数字，应写为 $450×10$。

（2）分数中分母或倍数中系数为自然数时，它为非测量所得，它不表示有效数字位数，而应视为无限多位。例如，从 50mL 容量瓶中移取 5mL 溶液，即取 $\frac{1}{10}\left(\frac{5}{50}\right)$，这里的"10"即为足够有效的自然数。

（3）计算有效数字的位数时，若第一位数字是 8 或 9 时，其有效数字的位数应多算一位。例如，9.28mL 表面上是三位有效数字，但其相对误差是 $\frac{0.01}{9.28}×100\% ≈ \frac{1}{1000}×100\% = 0.1\%$，可认为它是四位有效数字。

（4）有效数字的位数与量的使用单位无关。例如，称得某物的质量是 23g，二位有效数字。若以 mg 为单位时，应记为 $2.3×10^4$mg，而不应该记为 23000mg。若以 kg 为单位，可记为 0.023kg 或 $2.3×10^{-2}$kg。

（5）化学中常遇到的 pH、pK 等，其有效数字的位数仅取决于小数部分的位数，其整数部分只说明原数值的方次。例如，pH 2.49 表示 $[H^+] = 3.2×10^{-3}$mol/L，是二位有效数字；pH13.0 表示 $[H^+] = 1×10^{-13}$mol/L，是一位有效数字。

（三）有效数字的修约

在多数情况下，测量数据本身并非最后的要求结果，一般须经过一系列运算后才能获得所需的结果。在计算一组准确度不等（即有效数字位数不同）的数据之前，应先按照确定了的有效数字将多余的数字修约或整化。

1. 修约间隔

修约间隔是确定修约保留位数的一种方式。修约间隔的数值一经确定，修约值即应为该数值的整数倍。

【例1】 如果指定修约间隔为 0.1，修约值即应在 0.1 的整数倍中选取，相当于将数值修约到一位小数。例如，24.246、24.25 和 24.2856 的修约数分别为 24.2、24.3 和 24.3。

【例2】 如果指定修约间隔为 100，修约值即应在 100 的整数倍中选取，相当于将数值修约到"百"位数。例如，1445、14445 和 1467 的修约数分别为 1400、14400 和 1500。

2. 进舍规则

过去习惯上用"四舍五入"规则修约数字。为了减少因数字修约人为引进的误差,现在应按照同家标准 GB/T 8170-1987《数字修约规则》进行修约。通常称为"四舍六入五成双"法则,详见表 1-8。

表 1-8 数字修约的进舍规则表

四舍	0~4 及其后的数字全舍去:13.31049→13.31 −0.1104489→−0.1104
六入	6~9 进 1:14.996→15.00,16.4682→16.47
五成双	5 后无非零数字,若 5 左边为奇数则进 1,若 5 左边为偶数则舍去。 例如,18.2150→18.22;18.2050→18.20 如果被舍去的数字是 5,而其后的数字不全是零,无论前面数字是偶或奇,皆进 1。如 28.22501,只取四位有效数字时,则进 11,成为 28.23。

3. 负数的修约

负数修约时,先将它的绝对值按规定进行修约,然后在修约值前面加上负号。

【例 3】 将下列数值修约到"十"数位

    拟修约值　　　　　修约值

    −355　　　　　　−36×10 (特定时可写为−360)

    −325　　　　　　−32×10 (特定时可写为−320)

【例 4】 将下列数字修约成两位有效位数

    拟修约数值　　　　修约值

    −365　　　　　　−36×10 (特定时可写为−360)

    −0.0365　　　　　−0.036

4. 0.5 单位修约和 0.2 单位修约

(1) 0.5 单位修约 (半个单位修约):指修约间隔为指定位数的 0.5 单位,即修约到指定位数的 0.5 单位。例如,将 60.28 修约到个位数的 0.5 单位,得 60.5。

0.5 单位修约规则:将拟修约数值乘以 2,按指定数位修约,所得数值再乘以 2。

例如,将下列数字修约到个数位的 0.5 单位 (或修约间隔为 0.5)

拟修约数值	乘 2	2A 修约值	A 修约值
(A)	(2A)	(修约间隔为 1)	(修约间隔为 0.5)

60.25	120.50	120	60.0
60.38	120.76	121	60.5
−60.75	−121.50	−122	−61

(2) 0.2 单位修约：指修约间隔为指定位数的 0.2 单位，即修约到指定位数的 0.2 单位。例如，将 832 修约到"百"数位的 0.2 单位，得到 840。

0.2 单位修约规则：将拟修约数值乘以 5，按指定数位修约，所得数值再乘以 5。

例如，将下列数字修约到"百"数位的 0.2 单位（或修约间隔为 20）

拟修约数值 （A）	乘 5 （5A）	5A 修约值 （修约间隔为 100）	A 修约值 （修约间隔为 20）
830	4150	4200	840
842	4210	4200	840
−930	−4650	−4600	−920

5. 不许连续修约

若被舍弃的数字包括几位有效数字时，拟修约数字应在确定修约位数后一次修约获得结果，而不得对该数进行连续修约。

例如，12.4546，修约间隔为 1。

正确的做法应：为 12.4546→12；错误的做法为：12.4546→12.455→12.46→12.5→13。

在具体实施中，有时测试与计算部门先将获得数值按指定的修约位数多一位报出，而后由其他部门判定。为避免产生连续修约的错误应按下述步骤进行。

(1) 报出数值最右的非零数字为 5 时，应在数值后面加"（＋）"或"（−）"或不加符号，以分别表明已进行过舍或未舍未进。

例如，16.50(＋) 表示实际值大于 16.50，经修约舍弃成为 16.50；16.50(−) 表示实际值小于 16.50，经修约进一成为 16.50。

(2) 如果判定报出值需要进行修约，当拟舍弃数字的最左一位数字为 5 而后面无数字或皆为零时，数值后面有（＋）号者进一，数值后面有（−）号者舍去。

例如，将下列数字修约到个位数后进行判定（报出值多留一位到一位小数）。

实测值	报出值	修约值
15.4546	15.5（−）	15
16.5203	16.5（＋）	17
17.5000	17.5	18
−15.4546	−[15.5（−）]	−15

（四） 有效数字的运算规则

在处理数据时，常遇到一些准确度不同的数据。对于这类数据，必须按照一定的计算规则，合理地取舍各数据的有效数字位数，既可节省计算时间，又可避免过繁计算引入错误，使结果能真正符合实际测量的准确度。一般根据以下规则进行运算。

（1）加减运算。在加减运算时，应以参加运算的各数据中绝对误差最大（即小数点后位数最少）的数据为标准，决定结果（和或差）的有效位数。例如，4.3g+0.054g+1.2634g，其结果只能表达到小数后一位，即 5.6g，而不是 5.6174g。

（2）乘除运算。在乘除运算中，应以参加运算的各数据中相对误差最大（即有效数字位数最少）的数据为标准，决定结果（积或商）的有效位数。中间算式中可多保留一位。遇到首位数为 8 或 9 时，可多留一位有效数字。例如，$1.3 \times 0.231 \times 15.2563 \div 34.03$，结果只能取两位有效数字 0.13，若将结果写成 0.1346、0.134630 或 0.135 都是错误的。

（3）乘方、开方运算规则与乘除运算相同。例如，测得的正方形的边长为 25cm，其面积为 $25^2 cm^2$ 应表达为 $6.3 \times 10^2 cm^2$，而不应为 $625cm^2$，因为原数只有两位有效数字。

四、分析结果的数据处理

1. 原始数据的记录

原始数据的每一个数字都代表一定的量及其精密度，不能任意改变其位数，记录的原始数据的位数必须与仪器的测量精度相一致。例如，用万分之一分析天平称量样品应准确到±0.0001g，用台秤称量样品则应准确到 0.1g 或 0.01g。用 25mL 滴定管及移液管移取溶液，应准确到 0.01mL，用 10mL 量筒取试液则应准确到 0.1mL。

2. 分析结果的判断

在定量分析工作中，经常重复地对试样进行测定，然后求出平均值。但多次测出的数据是否都参加平均值的计算，这必须进行判断。如果在消除了系统误差之后，所测出的数据出现显著的大值或小值，这样的数据是值得怀疑的，称之为可疑值。所以，可疑值总是测定数据中偏离较大的最大值或最小值。对可疑值的取舍不能随意决定，而要根据误差理论的规定做如下判断：①确知原因的可疑值应弃去不用。操作过程中有明显的过失，如称样时的损失、溶解样品时有溅出、滴定时滴定剂有泄漏等，则该次测定结果必是可疑值。在复查分析结果时，对能找出原因的可疑值应弃去不用。②不知原因的可疑值。应按照四倍法（4d 法）、Q 检验法、标准偏差法和置信区间法进行判断，决定取舍。

3. 分析结果的表达

饲料检验结果的取得往往需要经过两个步骤：第一步是检测者按照标准规定的方法测定饲料样品，并按标准规定的允许误差保留平行测定结果平均值小数点后的位数，这个平均值称为"报出数"。第二步是发布数据，将"报出数"按标准规定的产品技术指标要求的小数位，依据标准规定进行修约。修约后的结果就是饲料检测的最终结果。一般情况下，此值应比报出数少一位小数。

五、统计分析方法

在实验室的饲料分析检测中，对饲料样品的测试数据进行统计分析，以检测抽样是否具有代表性，或不同方法、不同分析人员等测定的数据是否都能代表样品的性质等，是非常必要的。需要对试验数据进行显著性检验，即假设检验。常见的显著性检验有 t 检验、F 检验等。目前统计分析方法较多，常用的软件有 SPSS、SAS、Excel 等。Excel 软件与其他软件相比具有简单易用的操作特点。Excel 软件在饲料分析应用中所表现出的突出优势在于：①强大的数据计算与公式自动填充功能，具体表现为一旦需要计算的原始数据录入到 Excel 电子表格的同时，可立即显示根据设定公式计算得到的结果。如果有多组原始数据，则不需要再次重新设定公式，而进行简单的公式拖拽即可，避免了在饲料分析中使用袖珍计算器多次录入可能产生的错误。②具有灵活的电子表格单元格绝对引用与相对引用的功能，可避免公式拖拽操作可能造成的计算结果错误。③具有完美的图形绘制系统、大量丰富常用数学函数功能与强大的数据统计与分析功能。可以对数据进行正态分布、t 分布、F 分布、卡方分布、t 检验、F 检验、直线回归等实用统计分析。因此，本书以 Excel 软件处理饲料分析结果为例，作简单介绍。

（一）Excel 的基本操作

1. Excel 软件的启动方法

计算机开机进入桌面状态以后，要启动 Excel，按照下面的步骤进行：
第一步，用鼠标左键点击屏幕左下角的【开始】按钮。
第二步，用鼠标滑动选择【程序】。
第三步，用鼠标左键点击【Microsoft Office】再选择【Microsoft Excel】（图 1-2），即可进入如下的 Excel 电子表格工作状态。

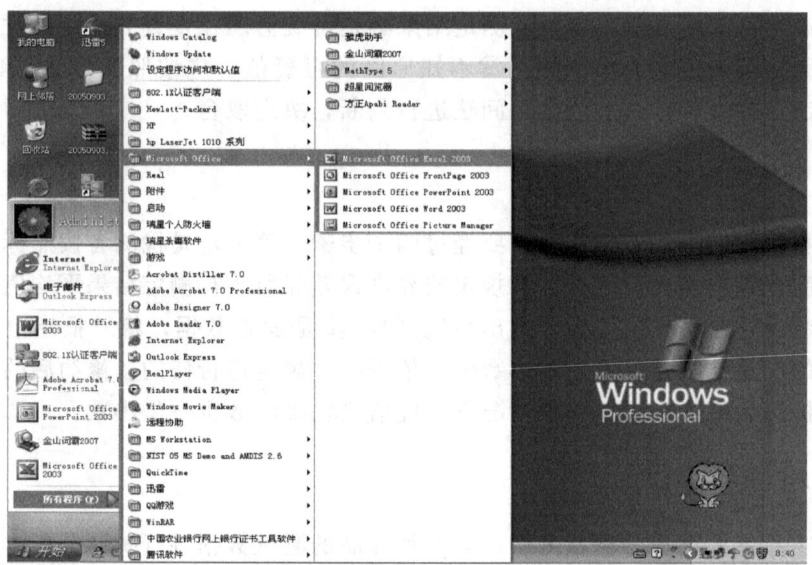

图 1-2　Excel 电子表格工作窗

2. Excel 软件的工作窗口与基本常识

如图 1-3 所示，Excel 电子表格的工作窗口或画面由标题栏、状态栏、工具

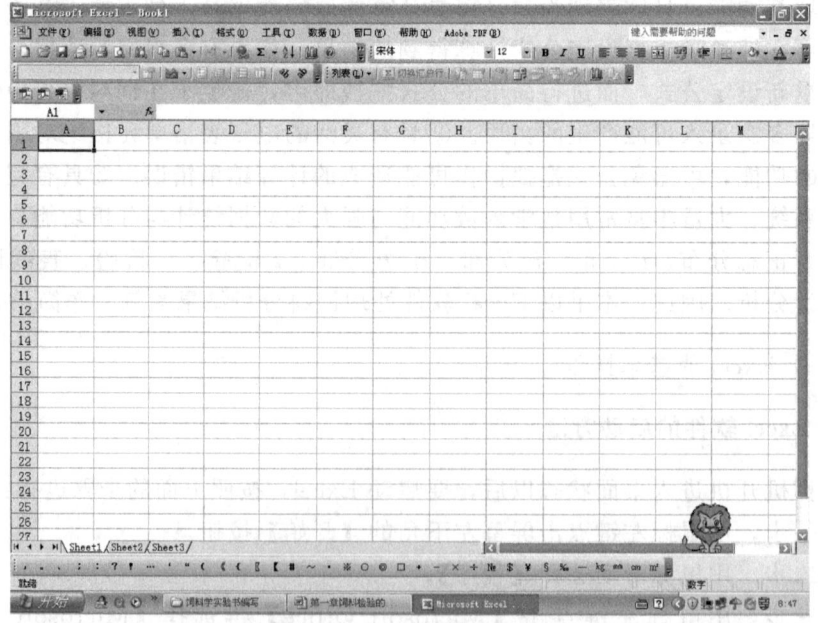

图 1-3　Excel 电子表格工作窗

栏、菜单栏等组成。标题栏显示所开启的文件名称，由于是新建的工作簿，所以看的是【Book1】，它是 Excel 软件自动建立的文件名。显示屏上的第二行使 Excel 软件的下拉式菜单栏。显示屏上的第三行显示的是 Excel 软件的工具栏，工具栏中的代表一个与菜单对应的命令，使用工具栏会使操作更加简便，将鼠标轻轻滑动到各按钮上时，会自动显示按钮可以完成的操作功能。

工作窗口中的第六行为二维电子表格每一栏的列号，用大写英文字母表示。从工作窗口的第七行开始，各行的最左侧表示的电子表格各栏的所在列号，用阿拉伯数字表示。因此，二维表格中任一活动单元格即可用列号和行号共同表示，如当前光标所在周围用粗线表示的单元格名称可以用 A1 表示；以此类推，第 B 列第 3 行的即可用 B3 表示。二维电子表格工作区域是 Excel 使用者频繁使用操作的工作区域，准确掌握活动单元格名称和表示方法对以后介绍如何使用公式具有重要意义。

Excel 软件工作窗口的最下面倒数第二行【Sheet1】【Sheet2】【Sheet3】显示的当前二维电子表格工作区域所在的工作表名称，用户可以根据自己的需要增加或减少工作表的数目，也可用鼠标左键双击更改其名称。值得提出的是，所有显示的工作表均存储在当前工作的文件即【Book1】文件中，并随【Book1】名称的改变而相应存储至文件名被修改后的文件中。

例如，用户在【Sheet1】工作表中主要完成了各种饲料蛋白质测定数据的录入与计算，即可将【Sheet1】工作表名称更改为【饲料粗蛋白质】；在【Sheet2】工作表中主要完成了各种饲料粗脂肪测定数据的录入与计算，即可将【Sheet2】名称更改为【饲料粗脂肪】。最后将以上工作表所在的【Book1】文件名在存储时更改为【饲料概略养分分析】。

(二) Excel 公式设置在饲料分析中的应用

1. Excel 公式应用的基本常识

Excel 作为一个电子表软件系统，除进行简单的二维表格数据录入之外，最主要的还是它的数据处理与计算功能，在 Excel 中可以在单元格中除输入数据外，还可以用多个单元格名称进行公式的输入，或者使用 Excel 软件自身提供的各种数学函数进行文字和数值的计算。在此，重点介绍利用公式进行录入数值的加、减、乘、除四则运算及常用函数运算。

公式是一个等式，等式的左边是结果（单元格的内容），等式的右边是公式的主体，主体可以由以下一个或多个元素组成，即由运算符号（＋、－、＊、／、^)、数字、单元格名称或函数组成。在进行公式输入时，必须在将置结果的单元格中首先输入"＝"，然后进行公式主体的输入。一旦正确输入无误回车后，即显示计算结果。具体如表1-9所示。

表1-9　Excel软件执行的基本运算符号与公式主体范例

算术运算符	意义	公式主体范例1	公式主体范例2
＋（加号）	加法	＝3＋3	＝3＋A1＋C3＋3
－（减号）	减法	＝3－1	＝3－A2＋B4
＊（乘号）	乘法	＝3＊3	＝3＊D3＊C4＊2
／（除号）	除法	＝3/3	＝3/A3/A2/B3
％（百分号）	百分比	＝200％（结果为2）	＝A2％
^（乘幂）	乘幂	＝3^2（结果为9）	＝3^B2

在公式输入中若出现混合运算符号联合使用时，在Excel软件中乘法和除法没有计算优先级别，若公式中包含了相同优先级别的运算符号时，Excel会自动由左至右顺序计算；若公式中有混合运算符号时，会先算百分比，后算乘幂、再算乘和除，最后计算加法和减法；若有括号时则先算括号内再按以上顺序进行计算。这里值得一提的是，在Excel电子表格公式输入时系统不会识别大括号"｛｝"或中括号"［］"的运算，则一律使用圆括号"（）"。当需要多个括号进行计算时，计算机会自动优先计算最里层圆括号公式内容，并依次再算外层括号的公式内容。

2. Excel常用数学函数

Excel为用户提供了11类约400个函数，数据分析涉及数学函数、统计函数、日期与时间函数、文本函数、逻辑函数、查询与引用函数、信息函数、工程函数、财务函数、用户定义函数等。下面只列举一些在饲料分析与数据处理中可能用到的函数。

（1）对数函数：对于自然函数，Excel函数为LN(a)，括号中a可以是数值，也可以是由数值、运算符号、单元格名称等组成的公式主体。

例如，lg10的Excel计算公式为"＝LN(10)"。

例如，ln[20/(10＋A2)]的计算公式为"＝LN[20/(10＋A2)]"。

对于以10或其他数值为底的对数，即$\log n^{(a)}$，Excel函数为LOG(a，n)，括号中a、n可以是数值、运算符号、单元格名称等组成的公式主体。

例如，$\log_{10} 20$的Excel计算公式为"＝LOG(20，10)"，结果为1.30103。

例如，$\log_2 20$的Excel计算公式为"＝LOG(20，2)"，结果为4.321928。

例如，$\log_3 (A2/5)$的Excel计算公式为"＝LOG(A2/5，3)"，结果表示A2单元格的数值除以5后，求以3为底的对数值。

（2）乘幂函数：Excel中乘幂的运算除可以用"^"进行计算外，也可以用

Excel 提供的 POWER(a，n) 来计算，相当于 a^n 运算。括号中 a、n 可以是数值，也可以是由数值、运算符号、单元格名称等组成的公式主体。

例如，计算 160kg 体重肉牛其代谢体重的数值时，可以用"＝POWER（160，0.75）"进行计算，其结果与"＝160^0.75"相同。

（3）求和函数：在 Excel 应用过程中，在连续累加时，若参与运算的数值很多，再用"＋"加法符号进行公式编辑运算会显得很麻烦和累赘。为此 Excel 提供了 SUM（数值1，数值2，数值3，…，数值n）函数，括号中为需要加的数值区域，可以直接用鼠标左键进行选取进行累加求和的数值区域。

例如，求 A1 单元格至 B100 单元格数值的和，即可用"＝SUM（A1：B100）"来表示并计算。

（4）求平均数函数：在 Excel 应用过程中求平均数时，若参与运算的数值很多，再用"＋"加法符号进行公式编辑运算后再除以数值的个数会显得十分麻烦和累赘。为此，Excel 提供了 AVERAGE（数值1，数值2，…，数值n）函数，括号中为需要计算平均数的数值区域，可以直接用鼠标按住左键选取计算平均数的区域。

例如，求 A1 单元格至 B100 单元格数值的平均数，即可用"＝AVERAGE（A1：B100）"来表示并计算。

小 结

本章主要概括介绍了饲料检验的基本要求，包括溶液的浓度及试剂规格、常用实验设备与仪器、实验数据的处理与分析。其中，溶液的浓度及试剂部分主要介绍了常用化学试剂的规格、常用溶液、常用缓冲溶液和常用酸碱指示剂的配制。重点要求掌握分析检验中的误差、误差的表示方法、有效数字及分析结果的数据处理。此外，介绍了应用 Excel 软件处理数据的过程。

思 考 题

1. 请列举 5 种饲料检验常用仪器并说明其用途。
2. 简述误差产生的原因及消除方法。
3. 什么叫有效数字？有效数字的修约规则是什么？
4. 请判断下列数字的有效数字位数。

3.0003	3.0106	3.0202×10^5
0.1100	8.03%	5.810×10^{-5}
0.0230	0.300%	2.56×10^{-5}
0.0011	0.30%	2.0
0.6	0.002%	pH 2.0
−0.037	-36×10	−61.0

5. 修约间隔为 0.1，请将下列数字或算式按照修约规则进行修约。

1.050	0.350	0.251
2.368	3.332	4.3897
15.45469	14.3458	11.5493
−3.0500	−0.557	−6.005
1.3×0.537	3.1+0.054	7.93×8.0÷0.5
5.36^2	4.33^3	$5.3×6.22×10^5$

第二章　饲料样品的采集、制备与保存

第一节　样品的采集

一、概念和目的

（一）概念

(1) 采样：采集样品的过程叫采样。

(2) 交付物：一次给予、发送或收到的某个特定量的饲料的总称。它可能有一批或多批饲料组成。

(3) 批或批次：假定特性一致的某个确定量的交付物的总称。

(4) 份样：一次从一批产品的一个点所取的样品。

(5) 总份样：通过合并和混合来自同一批次产品的所有份得到的产品。

(6) 缩分样：总份样通过连续分样和缩减过程得到的数量或体积近似于试样的样品，具有代表总份样的特征。

(7) 实验室样品：由缩分样取得的部分样品，用于分析和其他检测用，并且能够代表该批次样品的质量和状况。所取每种样品一般分 3 份或 4 份实验室样品，一份提交检验，至少一份保存用于复核，如果要求超过 4 份实验室样品，需要增加缩分样，以满足最小实验室样品量的要求。

（二）目的

在某种程度上可以说采样比分析更重要。如何获得具有代表性的样品是最关键的一个步骤。所采集的样本必须能够代表全部被分析的原料，否则无论分析了多少个样本的数据，其意义都不大。

代表性采样的目的是从一批产品中获得小部分样品，而测定这小部分样品的任何特性均可代表该批产品的平均值。

如果被采样的一批（批次）样品的某部分在质量上明显不同于其他部分，则这部分产品应区别对待，单独作为一批产品采样，并在采样报告中加以说明。

二、采样的方法

（一）基本方法

采样的基本方法有几何法和四分法。

(1) 几何法：是指把整个一堆物品看成一种有规则的几何形状（立方体、圆柱体、圆锥体），取样时首先把这个主体分为若干体积相等的问部分，从总样部分中取出体积相等的样品，这部分样品称为支样，再把支样混合，即得原始样品。

(2) 四分法：样品混匀后，用木板将样品摊成方形或圆盘形，通过中心划两根垂直的直线，将样品分成四等分，任意取出对角的 2 个 1/4 合并成一个试样（图2-1）。如果采集的样品太多，可再进行混匀、四分法缩分。

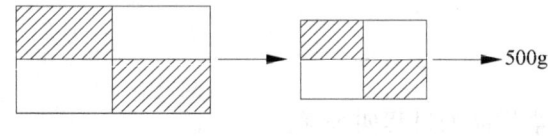

图 2-1 四分法图例

（二）不同性质饲料的采样方法

(1) 均匀性饲料：用几何法或四分法缩分样品。

(2) 非均匀性饲料：几何法和四分法可结合使用进行缩分样品。

三、采样设备

（一）一般要求

选择产品颗粒大小、采样量、容器大小和产品物理状态特征的采样设备。

（二）从固体产品采样的装置

(1) 散装饲料采样：普通的铲子、长柄勺、柱状取样器（如取样钎、管状取样器、套筒取样器）和圆锥取样器。取样钎有一个或多个分隔室。流速比较慢的流动产品的采样可手工完成。

(2) 袋装或其他包装饲料的采样：长柄勺、麻袋取样钎或取样器、圆锥取样器和分割式取样器。

（三）液体或半液体产品手工或机械方法采样的设备

适当大小的搅拌器、取样器、取样管、带状取样器和长柄勺等。

四、装样品容器

（一）一般要求

装样品容器应确保样品特性不变直至检测完成，样品容器的大小以样品完全充满容器为宜。容器应当始终封口，只有检测时才能打开。

(二) 固体产品的样品容器

固体产品的样品及盖子应是防水和防脂肪材料制成的（如玻璃、不锈钢、锡或合适的塑料等），应是广口的，最好是圆柱形的，并与所装样品多少配套。合适的塑料袋也可以。容器应是牢固和防水的。如果样品用来测定（如维生素类）对光敏感的物质，容器应是不透明的。

(三) 液体和半液体产品的样品容器

容器最好选用玻璃或塑料材质的，并要求容器合适、密闭、深色。对光敏感的物质应考虑容器的避光性。

五、采样步骤

(一) 采样的环境要求

在条件许可的情况下，采样应在不受诸如潮湿空气、灰尘或煤烟等外来污染危害影响的地方进行。如果流动中的饲料不能进行采样，可以把被采样的饲料应安排在能使每一部分都容易接触到的地方，以便取到有代表性的实验室样品。

(二) 产品分类

按采样目的，可将饲料可分为以下几类。
(1) 固体饲料：如谷物、种子、豆类和颗粒饲料、粉状饲料等。
(2) 粗饲料：如干草、秸秆等。从采样角度，也包括鲜青绿饲料、青贮饲料、饲用甜菜、干糖蜜、块根和块茎类饲料等的采样。
(3) 舔块：如矿物质舔块或复合营养舔块等。
(4) 液体或半液体饲料。

(三) 样品量

要得到能代表整个批次产品的样品，就必须有足够的样品数量。根据批次产品数量和实际采样的特点制定采样计划，在计划中确定需采的份样数量和重量。

(四) 谷物、种子、豆类和颗粒饲料的采样

1. 批次产品量

袋装的产品批次量是由包装袋的数量和包装袋的容量决定的。散装产品的批次量是由盛该散样的容器数量决定的，或由满装该产品的容量最少数量确定。如

果一个容器内的产品量已超过一个批次产品的最大量时，该容器内产品即为一个批次。如果一批散装产品形态上出现明显的分级，则需要不同的批次。

2. 份样数量

对于储存于罐或类似容器的产品，随机选择份样的最小数量：批次重量<2.5t,份样数量<7；批次重量>2.5t，份样数量按 $(20m)^{1/2}$（m 为批次的重量）计算（最大应不超过100）。

如果袋装产品总量小于1kg，份样的最小数量为1~6袋，且每袋取样；7~24袋，选择6袋取样；产品数量>24袋，按 $(20n)^{1/2}$（n 为批次的重量）计算取样袋数（最大应不超过100）。如果袋装产品总量大于1kg，份样的最小数量为1~4袋，且每袋取样；5~16袋，选择4袋取样；产品数量>16袋，按 $(20n)^{1/2}$（n 为批次的重量）计算取样袋数（最大应不超过100）。

3. 样品量（表2-1）

表2-1 谷物、种子、豆类和颗粒饲料的采样的样品量

批次产品总量/t		最小的总份样量/kg	最小的缩分样量/kg	最小的实验室样品量/kg
1		4	2	0.5
>1	≤5	8	2	0.5
>5	≤50	16	2	0.5
>50	≤100	32	2	0.5
>100	≤500	64	2	0.5
最小量应可供取4个实验室样品				

4. 样品的采集

对于散装的饲料，尽可能地在装或卸时采样。同理，如果产品是直接装到料仓或仓库中，应尽可能地在装入时取样。

（1）从散装产品中取样。如果从堆状等散装产品中取样，根据批次产品数量和重量，决定本次取样的份样量。然后随机选取每个份样的位置。这些位置既覆盖产品的表面，又包括产品的内部，使该批次产品的每个部分都被覆盖。

在产品流水线上取样时，根据流动的速度，在一定的时间间隔内，人工或机械地在流水线的某一截面取样。根据流速和本批次产品的量，计算产品通过采样点的时间。该时间除以所采样的份样数，即得到采样的时间间隔。

（2）从袋装样品中采样。随机选择需采样的包装袋。采样的包装袋总数量根据批次的包装袋总数及其最小份样数来决定。打开包装袋，用相应的取样器具采

取每份样。

如果是在密闭的包装袋中采样,则需要取样器。采样时,不管是水平还是垂直,都必须经过包装物的对角线,份样可以是包装物的整个深度,或是表面、中间、底部等三个水平,在采样完成后,将包装袋上的采样孔封闭。

如果上述的方法不适合,则将包装物打开倒在干净、干燥的地方,混合后铲其一部分为份样。

5. 实验室样品的制备

在采样完成后应尽快处理,以避免样品质量发生变化或污染,将所得到的每个份样进行混合后得到总份样,其重量不应小于2kg。

充分将缩分样混合后分成3个或1个实验室样品放入适当的容器中,供实验室分析用,每个实验室样品重量最好相近,但每份不能少于0.5kg。

(五) 粉状样品的采集

(1) 批次产品量:不论交付量多大,一个批次内产品的量不宜超过100t。

(2) 最小份样数量:与谷物、种子、豆类和颗粒饲料等的要求一致。

(3) 样品量(表2-1)。

(4) 在采样时的注意事项。干的粉状饲料中粉尘易出现爆炸,采样时应注意。经过加工处理的产品,存在受微生物侵害腐败的可能。所以,在预先检查整个批次产品时,应特别注意有无异常,如有异常,应将这部分与其他部分分开。

粉状物易于结块,有时需要添加抗结块剂。当发生结块时,应进行额外处理或分开采样。如果产品产生较严重的分级,则应分部采样。散装或袋装的采样步骤可参照谷物、种子、豆类和颗粒饲料的采样。

(5) 实验室样品的制备:同谷物、种子、豆类和颗粒饲料。

(六) 粗饲料的采样

1. 批次产品量

由于产品遗传因素、加工储藏及其特性的不同,并且数量变化也大,在量大的一批次粗饲料产品间,要求其均匀性非常困难。

2. 份样数的确定

通常粗饲料在储存和搬运时为散装,采样时的最小份样数为:产品批次重量≤5t,份样数为10;产品批次重量>5t,份样数量按 $(40m)^{1/2}$(m 为批次的重量)计算(最大应不超过50)。

3. 样品量（表 2-2）

表 2-2 粗饲料采样的样品量

产品种类	最小的总份样量/kg	最小的缩分样量/kg	最小的实验室样品量/kg
青绿饲料、甜菜、块根和块茎、青贮粗饲料	16	4	1
干燥的粗饲料	8	4	1
最小量应可够取 4 个实验室样品量			

4. 样品的采集步骤

粗饲料样品采集通常靠手工获得每一个份样。因样品的状态、位置等不同采样的步骤也不同。

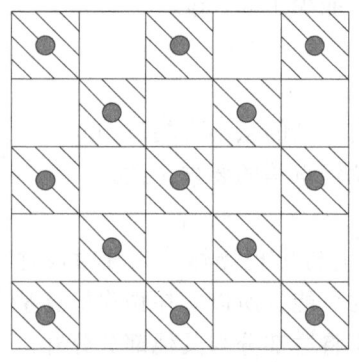

图 2-2 放牧地牧草采样示意图

（1）田间采样：对于田间生长的产品或收获后仍放置于田间的产品，其采样程序不同（可参见 ISO 10381-6）。在各种类型的大面积的天然放牧地上或人工栽培草地上，将整个采样地区按植被成分与地形等不同情况划分为同一类型的区域（图 2-2），在各区域内选取 5 个或 5 个以上的样点。每点 $1m^2$，从地上 3cm 处，剪取单种或混合牧草，除去不可食草、毒草及杂草后，将各点原始样品迅速剪碎，充分混匀，作为 1 个份样。采样的样品量见表 2-2。

（2）堆积产品、青贮窖、青贮堆中的样品采集。根据所需采集的份样数，随机布置各份样点（图 2-3），但应保证产品的各层均被覆盖。青贮塔内的产品的采样应注意安全，最好在取用过程中采用。

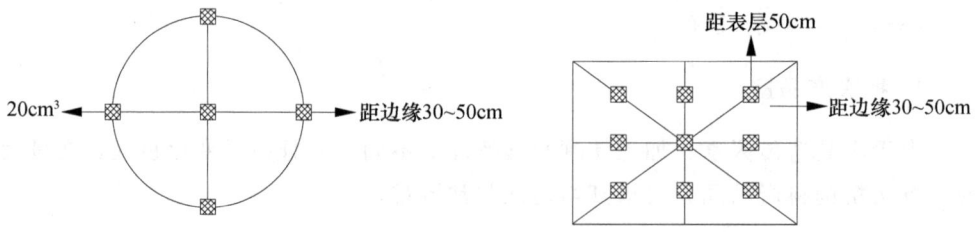

图 2-3 青贮窖采样示意图

（3）捆状产品采样。捆状产品采样是按需采样的份样数，随机布置各份样点，每一捆取一个份样。

（4）流动中的样品采集。参照谷物、种子、豆类和颗粒饲料散装样品的采集

(5) 实验室样品的制备。在采样完成后尽快处理,以避免样品质量发生变化或被污染。在混合总份样时应注意其可操作性,通常应将样品切成小块。总份样经过逐步分取获得重量不小于 4kg 的缩分样。对于大块块状产品,将总份样的块数减半,随机选择其中的块构建成缩分样。除非必须,不要在缩分阶段将总份样切短。

充分将缩分样混合后分成 3 个或 4 个实验室样品放入适当的容器中,供实验室分析用。每个实验室样品重量最好相近,但每份不能小于 0.5kg。置每个实验室样品于合适容器中。

(七) 块状、砖状产品的采样

(1) 批次产品量:该类产品一个批次量不应超过 10t。

(2) 采样时份样数的确定:采样时应以该类产品的单位数计算最小份样数:批次内含有的产品数≤25 时,最小份样数为 1;批次内含有的产品数 26~100,最小份样数为 7;批次内含有的产品数>100,最小份样数按 $n^{1/2}$(n 为批次的内产品的单位数)计算(最大应不超过 40)。

(3) 样品的重量(表 2-3)。

表 2-3 粗饲料采样的样品量

最小的总份样量/kg	最小的缩分样量/kg	最小的实验室样品量/kg
4	2	0.5
最小量应可够取 4 个实验室样品量		

(4) 样品的采集:按表 2-3 计算所计算的最小采样的份样数,如果舔砖、舔块较小,则整个舔砖或舔块作为一个份样。

(5) 实验室样品的制备:如果整个或大部分舔砖(块)作为份样,则需打碎。

将所得到的每个份样进行充分混合后得到总份样,将总份样充分缩分获得适当的缩分样,其重量不应小于 2kg。

将充分缩分混合后分成 3 个或 4 个实验室样品放入适当的容器中,每个实验室样品重量最好相近,不能小于 0.5kg。

(八) 液体样品的采集

1. 批次产品量

该类产品通常在 60t 或 60 000L 以内,如果一个容器含量超过 10t 或 10 000L 时,这一容器内产品即为一个批次。

2. 采样时份样数的确定

散装产品采样时的最小份样数：批次产品量≤2.5t 或体积 2500L 时，最小份样数为 1；批次产品量＞2.5t 或体积 2500L 时，最小份样数为 7。如果不能保证样品的均匀性，则应该增加份样数以保证实验室样品的代表性。

对于储存容器体积不超过 200L 的产品，采样时抽取容器的数量计算为：如果体积≤1L，批次内的容器数≤16，最小的抽取容器数为 1；批次内的容器数＞16，最小的抽取容器数按 $n^{1/2}$（n 为批次的内产品的单位数）计算（最大应不超过 50）。如果容器体积超过 1L，批次内含的容器数 1~4，应逐个抽取；批次内含的容器数 5~16，最小抽取的容器数为 4；批次内的容器数＞16，最小的抽取容器数按 $n^{1/2}$（n 为批次的内产品的单位数）计算（最大应不超过 50）。

3. 样品的重量（表 2-4）

表 2-4 液体样品采集量

最小的总样本量		最小的缩分样量		最小的实验室量	
/kg	/L	/kg	/L	/kg	/L
8	8	2	2	0.5	0.5
最小量应可够取 4 个实验室样品量					

4. 样品的采集

如果产品储存于罐中，则可能不均匀，采样前需要搅动混合。用适当的器具从表面至内部采样。如果采样前不可能搅动，则在产品装罐或卸罐过程中采样。如果在产品流动过程中不能采样，则整个批次产品都取份样，以保证获得有代表性的实验室样品。在产品特性不变的前提下，有时加热会提高样品的一致性。

对于桶装产品，采样前需对随机选取产品进行振动、搅动等，使其混合，混合后再采样。如果采样前不能进行混合，则每个桶至少在不同的方向、两个层面取 2 个份样。

小容器装产品的采样，可随机选择容器，混合后进行采样；如果容器小，则每一个容器内的产品可作为一个份样。

5. 实验室样品的制备

将所有份样放入适当的容器内即可获得总份样，充分混合后取其中部分形成缩分样，每个缩分样不应小于 2kg 或 2L。

对于不容易混合的产品，使用下列的缩分样程序：将总样品分成 2 部分，将每部分分别分成 2 份并各取其中的 1 份于一起充分混合，之后在重复前面的操作，直至获得 2～4kg(L) 的缩分样。尽可能地充分混合缩分样，将其分成 3～4 个部分（即为实验室样品），每个实验室样品不应少于 0.5kg(L)。置每份实验室样品于适当的容器中。如果需制备的实验室样品超过 4 份，则缩分样的数量要适当的增加。

（九）半液体（半固体）产品的采集

这类产品如脂肪、脂类产品、加氢油脂、皂脚等。采样的批次产品量、采样时份样的确定、样品的总重量等要求等同液体样品的采集。

（1）样品的采集。在产品装入或搬运过程中，使用可对角线插入罐底部的适当设备，至少在 3 个深度取样，有可能的情况下，取整个截面。采样后将采样孔填补好。

如果不可能混合，也不可能在产品的流动中采样，则根据容器对角线的长度，每隔 30cm 采样作为一份样。

（2）实验室样品的制备。将获得的总份样充分混合，将总份样放入可加热的容器中，采用加热或其他方法使其溶化。如果加热对样品有不良影响，则使用其他方法。缩分样和实验室样品的制备同液体样品。

第二节　样品的制备

一、概念及原理

（一）概念

（1）试样：将实验室样品通过分样器或手工分样、必要时经磨样后的有代表性的样品。

（2）试料：从试样（或实验室样品）取得的有代表性的样品。

（二）原理

对于固体，实验室样品需经特定的步骤充分混合及分样，直至获得适当粒度的试样。使用粉碎机、研磨、绞碎或均质等方法以使试样真实代表实验室样品。对于液体饲料，实验室样品经机械混合，混匀后就得到具有代表性的试样。

二、仪器设备

（一）磨碎设备

（1）机械磨：如饲料样品粉碎机，能使饲料样品经粉碎后完全通过适当的孔径的筛。

（2）机械搅拌器或均质器。

（3）绞肉机：配有直径为 4mm 孔的筛板。

（4）粉碎装置：如杵或研钵。

（二）筛分装置

（1）筛：筛孔为 1.00mm、2.80mm、4.00mm 的金属网。

（2）分样器或四分装置：如圆锥分配器或其他能保证试样的组成具有相同分布的其他分配装置。

（三）样品容器

要求能够保证试样成分不发生变化，避光，并有足够的容积。容器应密封良好。

三、采样

参看本章第一节相关内容。

四、样品制备步骤

（一）磨样

研磨应尽可能快，并尽可能少暴露在空气中。如需要，可先将料块打碎或碾碎成适当大小，每一步都应将样品充分混合。

1. 良好的样品

如果实验室样品能够通过 1.00mm 的筛，用分样器或四分装置逐次分样直至得到需要的试样。

2. 粗样

如果实验室样品完全不能通过 1.00mm 的筛，而且能全部通过 2.80mm 的筛，将其充分混合，逐次分样以制成适量的样品。小心地用清洁干净的磨研磨样品，直至能全部通过 1.00mm 的筛。

如果实验室样品不能全部通过 2.80mm 的筛，可将该部分仔细地在磨中研磨，直至能全部通过 2.80mm 的筛。充分混合。将研磨过的实验室样品用分样器依次分样得到检测所需的试样。再将此样品用磨研磨，直至能全部通过 1.00mm 的筛。

3. 易于失水或吸水的样品

如果研磨操作导致失水或吸水，应先测定水分含量，然后将研磨后并均匀混合的实验室样品和制备的试样进行水分测定,从而对原样水分含量进行校正。

4. 难研磨的样品

如果实验室样品不能通过 1.00mm 的筛从而使研磨困难,可按粗料处理方法预研磨后立即取一部分样品测定水分含量。用杵和研钵研磨样品或用其他方法使其能完全通过 1.00mm 的筛后干燥样品,再次测定制备的试样的水分从而将分析结果校正为原样的水分含量。

5. 湿饲料或罐装样品

用机械搅拌器或均质器将实验室样品均质,将均质化的样品充分混合,装入一清洁干燥的样品容器中,密封。应尽快进行实验,最好立即进行,否则应在 0～4℃条件下储存试样。

6. 冷冻饲料

用适当的工具将实验室样品切(或打)碎成块,立即将其放入绞肉机,将切碎的样品混合直至渗出的液体完全均匀地混入样品。将样品装入干燥清洁的样品容器中,密封。应尽快进行实验,最好立即进行,否则应在 0～4℃条件下储存试样。

7. 中等水分含量饲料

将实验室样品缓慢通过绞肉机。充分混合切碎的样品,立即将之通过 4.00mm 的筛,装入清洁干燥的样品容器中,密封。

8. 草料或谷类青贮饲料

如果可能,将全部的实验室样品通过机械磨,或尽可能将其切碎,将充分混合后的至少 100g 试样转入样品容器内。

如果此实验室样品无法通过机械磨或不能被充分切碎,则使其尽可能充分混合,然后测定水分含量。将此实验室样品干燥(如在 60～70℃鼓风电热烘箱中过夜),然后将样品通过机械磨。将样品充分混合后将至少 100g 样品放入样品容器内。

9. 液体样品(包括鱼饲料)

用一台机械搅拌器或均质器混合实验室样品,以使所有的独立物质(骨粉、油等)能充分分散开。边摇边用勺、烧杯或大口吸管转移 50～100mL 到样品容器中。

10. 有特殊要求的样品

对于需要特殊细度的试样的测定，需进一步研磨。在有些情况下，应避免打碎或破坏实验室样品，如测定颗粒硬度。如果样品是脂肪，制备试样时可能需要加热混合，有时需要预先抽提脂肪。有些样品需要做微生物学检查，此样品应在无菌条件下处理。

(二) 新鲜样品的制备方法

几何法或四分法从鲜样中取得分析样品，做初水分测定，并通风干样，经粉碎机磨细，通过 1.00mm 的筛，然后将充分混合后的至少 100g 试样转入样品容器内。

初水分测定步骤：

(1) 在已知重量的瓷盘称取鲜样 200~300g。
(2) 放入 120℃烘箱中烘 10~15min。
(3) 60~70℃烘箱中烘 8~12h。
(4) 取出放置空气中冷却 24h，充分回潮称重。
(5) 再将装有样品的瓷盘放入 60~70℃烘箱内烘 24h，回潮 24h，称重，两次重量之差小于 0.5g 为止。

也可以采用以下方法：

(1) 在已知重量的瓷盘称取鲜样 200~300g。
(2) 放入 120℃烘箱中烘 10~15min。
(3) 60~70℃烘箱中烘 8~12g。
(4) 放入干燥器中（氯化钙为干燥剂），冷却 30min，称重。
(5) 再将装有样品的瓷盘放入 60~70℃烘箱中烘 2h，放入干燥器中，冷却 30min，两次称重之差不超过 0.5g。此时获得的样品为半干样本。

初水分的计算：

$$初水分(\%) = \frac{新鲜样本重(g) - 半干样本重(g)}{新鲜样本重(g)} \times 100\%$$

(三) 试样的用量和储存

(1) 试样的用量。为全部测定准备足够的试样，应不少于 100g，将之全部放入样品容器中，立即密封。
(2) 试样的储存，见本章第 3 节。

第三节 样品的保存

（一）样品容器的装满和封口

每个装实验室样品的容器应当由取样人员封口和盖章，不破坏封口，容器就不能打开。容器也可装入结实的信封或亚麻布、棉或塑料袋中，并进一步封口和盖章，不破坏封口，内容物就不能取出。

标签应附在内含实验室样品的容器上并封口，不破坏封口标签就不能去掉。标签应有按要求填写的标识项目，封口未打开前，标识项目应是可见的。

（二）实验室样品的标识

标签应标识以下项目：
(1) 采样人和采样单位名称。
(2) 采样人和采样单位的身份标志。
(3) 采样地点、日期和时间。
(4) 样品的材料的标示（名称、等级、规格）。
(5) 样品材料的明示成分。
(6) 样品材料的商品代码、批号、追踪代码或被抽检样品交付物的确认。

（三）实验室样品的贮藏

实验室样品的贮藏应防止样品成分发生变化。样品的保存应注意保持其稳定性，保存于干燥通风、不受阳光直射的地方。保存时间的长短有严格的规定，主要取决于原料更换的快慢及买卖双方技术和参数约定而各异（如水分含量过高、蛋白质不足是否合乎规定），还与季节有关。此外，某些饲料在饲喂后可能出现问题，该饲料样品应作为备份保存。易腐烂的样品在盛夏时节，应当低温保存。某些液体样品，特别情况下可适当加入防腐剂、抗氧化剂或防霉剂，但所加的物质不能影响分析结果。一般条件下原料样品应保留 2 周，成品样品应保留 1 个月，并与客户的保险期相同或高于保险期。有时为了特殊目的，饲料样品有需保管 1~2 年的，这种样品的保存可用锡铝纸软包装，经抽真空充氮气（高纯氮气）后密封，在冷库中保存备用。保存期应以检验报告单签发日期算起，保留样品应加封存放，并尽可能保持原状。

小 结

饲料样品的采集与制备是饲料分析和检测的重要环节。所采集的样品必须能够代表全部被分析的物料。由于饲料组分的可变性很大，因此正确的采样应该从有不同代表性的区域取几个样点，然后把这些样充分混合。这些由生产现场、仓库、试验场等大量分析对象中采集的份样，经充分混合后获得总份样，将总份样用适当的方法（主要通过四分法、几何法）制备缩分样，由此得到的实验室样品被送检。由实验室样品经研磨等处理后为试样。从试样（或实验室样品）取得的有代表性的样品为试料，可直接用于饲料化学分析。对于新鲜的饲料样品还需要及时测定初水分，制备半干样品。实验室样品通常需要在一定的条件下保存一定时间。保存期应以检验报告单签发日期算起，保留样品应加封存放，并尽可能保持原状。

思 考 题

1. 样品的采取有哪些方法？
2. 样品采取的原则是什么？
3. 如何进行制备样品？
4. 样品如何进行登记与保管？

第三章　饲料物理性状检验

饲料的鉴定可以通过物理性状检测、化学快速鉴别和化学定量分析的方法进行。其中，物理性状检验是指根据饲料的形态特征、物化特点鉴定饲料质量（或混杂物）的方法，主要包括饲料感官鉴别、容重测定、浮选技术和显微镜检等方法。

第一节　饲料质量的感官鉴定

感观检测是常用的检测方法，是指用视觉、味觉、触觉和齿觉等进行的检测。感官检测是最简单而廉价的检测方法。这种检测往往是表观的，是正常人凭经验得出的判断，可能带有主观性，是对饲料的最初判断。感观检测也受某些内在和外界条件的限制，是一种非精密的检验方法。感观检测可以与其他方法配合使用，如使用放大镜、试验筛或简单的溶剂等，对饲料进一步验证。

一、感官鉴定方法

（1）眼看（视觉）。观察饲料的形状、色泽、颗粒大小、有无霉变、有无虫蛀、有无异物、有无硬块、有无夹杂物等。例如，花生饼、胡麻饼、芝麻饼很容易发霉，特别是饼粕裂缝中常有黄曲霉污染。豆饼中掺假现象较多，经常掺入玉米、豆皮、沙子及其他饼类等，需要细心观察鉴别。视觉鉴别饲料还可借助体视显微镜。

（2）舌舔（味觉）。通过舌舔或牙咬来检查饲料有无异味和干燥程度等。例如，有经验的人员，对玉米等谷物干燥程度的鉴定，通常采用咬的方法做初步判断。

（3）嗅闻（嗅觉）。用鼻子来闻饲料是否有固有气味，并确定有无霉味、氨臭味、发酵酸味、焦糊味、腐败臭味或其他异味。特别是对于鱼粉、肉骨粉、羽毛粉、蚕蛹粉、骨粉及油脂类的鉴别，要注意利用嗅觉来鉴定是否腐败变质。鉴别时应避免环境中其他气味的干扰。

（4）手摸（触觉）。将饲料放在手中用指头捻，通过感触来觉察其粒度的大小、硬度、黏稠度、有无夹杂物及水分的多少等。

二、常见饲料原料的感观特征

1. 玉米

玉米种皮颜色分为三类：①黄玉米种皮为黄色，并包括略带红色的黄色玉米。②白玉米种皮为白色，并包括略带淡黄色或粉红色的白色玉米。③混合玉米指混入本类以外玉米超过5.0%的玉米。

玉米籽粒应该整齐、均匀、无霉变、无结块及无异味异嗅，略具玉米特有的甜味，初粉碎后有生谷的味道。

2. 高粱

高粱依品种分为褐色、黄色和白色外皮，但内部淀粉质均为白色。高粱籽粒有圆形或椭圆形的，籽粒整齐。外壳有较强的光泽，色泽新鲜一致。高粱籽粒应无发酵、无霉变、无结块及无异味异嗅。因高粱含有单宁，嚼之有苦涩感，粉碎后略有甜味。

3. 小麦

小麦籽粒为椭圆形，种皮颜色有白色、淡黄色、黄褐色和红色的。小麦籽粒腹面有一条较深的腹沟，背部有许多波形皱纹，顶端有色簇，具有新鲜带甜的麦味。小麦颗粒应整齐、色泽新鲜一致，无发酵、无霉变、无结块及无异味异嗅。

4. 稻谷

稻粒为淡黄色，长椭圆形，具壳及芒。稻粒由稻壳、种皮、糠层、胚芽和胚乳组成，有新鲜米味。籽粒整齐、色泽新鲜一致，无霉变、无结块、无异味异臭。

5. 小麦麸

小麦麸为淡褐色直至红褐色，依小麦品种等级、品质而异。小麦麸具有特殊的香甜味，细碎屑状。小麦麸色泽新鲜一致，无发霉、无结块、无异味异嗅、无虫害等。

6. 米糠

米糠呈淡黄灰色，粉状，色泽新鲜一致，无酸败、无霉变、无结块、无虫蛀及无异味异嗅。

7. 大豆饼粕

大豆饼为黄褐色，饼状或小片状，色泽新鲜一致，无霉变、无结块、无虫蛀及无异味异嗅。大豆粕为淡黄色或浅黄褐色，外形为不规则的碎片状。色泽新鲜一致，无霉变、无结块、无虫蛀及无异味异嗅。

8. 菜籽饼粕

菜籽饼为褐色，小瓦片状、片状或饼状，具有菜籽饼油香味，无发酵、无霉变及无异味异嗅。菜籽粕为黄色或浅褐色，碎片或粗粉状，具有菜籽粕油香味，无发酵、无霉变及无异味异嗅。

9. 棉籽饼粕

棉籽饼粕为黄褐色，小瓦片状或饼状，有坚果味，略带棉籽油味道，但采用溶剂提取油后的棉籽饼粕无坚果味。棉籽饼粕色泽新鲜一致，无霉变、无结块、无虫蛀及无异味异嗅。

10. 花生饼粕

花生饼为黄褐色，小瓦片状或圆扁块状，有烤过的花生香气，色泽新鲜一致，无霉变、无结块、无虫蛀及无异味异嗅。花生粕为黄褐色或浅褐色，碎屑状，色泽新鲜一致，无霉变、无结块、无虫蛀及无异味异嗅。

11. 鱼粉

纯鱼粉为黄棕色或黄褐色，具有烹烤过的鱼香味，稍带鱼油味。鱼粉呈粉状，含鳞片和鱼骨等。处理良好的鱼粉均有可见的肉丝。鱼粉色泽新鲜一致，无酸味、无氨臭等腐败味，无霉变、无结块。

12. 肉骨粉

肉骨粉为褐色或灰褐色，含脂肪高时颜色较深，过热处理时颜色也较深。粉状，具有固有气味，无异味。

13. 血粉

血粉为暗红色或褐色，干燥时粉粒状，具有本制品固有气味，无腐败变质气味。

14. 骨粉

骨粉为灰白色或浅灰白色，粉状或细小颗粒状，有固有的气味（肉骨熏蒸过的味道），无霉变、无异臭味。

15. 石粉

石粉是天然的碳酸钙，为白色或灰白色，无味、无吸湿性，表面有光泽，呈半透明的颗粒状。

16. 磷酸氢钙

白色或灰白色粉末，无臭、无味、不吸水、不结块、在水中溶解度较小。手搓时手感柔软而不滑，粉粒均匀。

三、部分添加剂的感观特征

1. 硫酸铜

五水合硫酸铜（$CuSO_4 \cdot 5H_2O$）为浅蓝色结晶颗粒，几乎无味，易溶于水。一水合硫酸铜（$CuSO_4 \cdot H_2O$）为蓝白色，几乎无味。

2. 硫酸亚铁

七水合硫酸亚铁（$FeSO_4 \cdot 7H_2O$）为浅绿色直至黄色，微酸，易溶于水。一水合硫酸亚铁（$FeSO_4 \cdot H_2O$）为浅灰色至淡褐色粉末，稍酸或无味，易溶于水。

3. 硫酸锰

一水合硫酸锰（$MnSO_4 \cdot H_2O$）为白色或略带粉红色的结晶，无臭，可溶于水，具有中等潮解性，稳定性高。

4. 硫酸锌

一水合硫酸锌（$ZnSO_4 \cdot H_2O$）为乳白色直至粉白色粉末，稍有药味，水溶性好。七水合硫酸锌（$ZnSO_4 \cdot 7H_2O$）为无色结晶或白色粉末，溶于水。

5. 亚硒酸钠

亚硒酸钠（Na_2SeO_3）为白色结晶或稍带粉红色的结晶粉末，不溶于水。

6. 氯化钴

氯化钴（$CoCl_2$）为红色或紫红色结晶，易溶于水。

7. 碘化钾

碘化钾（KI）为白色结晶或粉末，无臭，具有苦味及碱味，易潮解，易溶于水。

8. 70%氯化胆碱溶液

氯化胆碱（$C_5H_{14}NClO$）溶液为无色、透明、味苦的黏性液体，稍具特殊臭味，有吸水性，能从空气中吸收大量的水分。可与甲醇、乙醇任意混合，几乎不溶于乙醚、氯仿和苯。有吸湿性，吸收二氧化碳，放出氨臭味。

9. 50%氯化胆碱粉剂

50%氯化胆碱粉剂为白色或黄褐色（视赋形剂不同而异）干燥的流动性粉末或颗粒，具吸湿性，特殊臭味。

10. D(L)-蛋氨酸 [$CH_3S-CH_2-CH_2-CH(NH_2)-COOH$]

D(L)-蛋氨酸为白色或淡灰色结晶或粉末状结晶，呈半透明细颗粒，有的呈长菱形，具有反光性，手感滑腻，无粗糙感觉，有腥臭味，近闻刺鼻。微溶于水，溶于稀盐酸和氢氧化钠溶液。

11. L-赖氨酸盐酸盐（$C_6H_{14}N_2O_2 \cdot HCl$）

L-赖氨酸盐酸盐为灰白色或淡褐色粉末状或呈颗粒状，较均匀。无味或稍有特殊气味，口感有甜味，溶于水，难溶于乙醇或乙醚。温度高时易结块，吸湿性强。

四、饲料产品的感观检测

对于配合饲料的感观要求是：色泽一致，无霉变、无结块、无异味异臭；对于颗粒料还要求颗粒光滑、大小均匀、无发霉变质及无异嗅。在监测与仲裁判定颗粒饲料质量时，还要考虑含粉率及粉化率。含粉率及粉化率判定合格界限见表 3-1。

表 3-1 含粉率及粉化率判定合格的界限

项 目	标准规定值	分析允许误差（绝对误差）	判定合格的界限
含粉率	≤4.0	1.5	≤5.5
粉化率	≤10.0	1.5	≤11.5

注：中国标准出版社第一编辑室，2002

第二节 饲料容重的测定

中华人民共和国国家标准中（GB 1353-1999）规定了容重的定义。容重是指粮食籽粒在单位容积内的质量，其单位用 g/L 表示。容重与饲料颗粒的组织结构、形状大小、水分含量、加工成本、比重和杂质等均有密切关系。同类饲料，如籽粒饱满、结构紧密，则容重大；反之容重则小。因此，容重是评定饲料品质好坏的重要物理指标。生产实际中各种饲料原料都有一定的容重，将饲料原料样品的容重与纯料的容重进行对比，如果饲料原料中含有杂质或掺杂物，容重就会改变（或大，或小）。根据容重测定结果，可供检验分析人员作进一步的观察，对饲料品质进行评判。

一、利用容重器测定容重

1. 仪器和用具

（1）GHCS-1000 型容重器（漏斗下口直径为 40mm）。
（2）谷物选筛：上层筛孔直径 12.0mm，下层筛孔直径 3.0mm。

2. 样品制备

从原始样品中用分样器平均分出 2 份样品，取一份样品约 1000g，用谷物选筛分 2 次进行筛选。取下层筛的筛上物混匀，作为测定容重的试样。

3. 容重器安装及测定

（1）打开箱盖，取出所有部件，按粮种选好漏斗。
（2）将带有排气砣的容重筒放在电子秤上，空载时调节零点。
（3）取下容重筒，将其安装在铁板底座上，套上中间筒。
（4）将制备的试样倒入谷物筒内，装满刮平。再将谷物筒套在中间筒上，打开漏斗开关，让谷物自由下落，待试样全部经过中间筒落入容量筒后，关闭漏斗开关。用手握住谷物筒与中间筒的接合处，将插片准确的插入豁口槽中，依次取下谷物筒，拿起中间筒和容量筒，倒净插片上多余的试样，抽出插片，取下容量筒上的铁板底座，将容量筒放在电子秤上称量。

4. 测定结果

2 次试验允许差不超过 3g/L，求其平均数，即为测定结果。

二、简易量筒测定法

1. 仪器与设备

（1）量筒：1000mL。
（2）不锈钢盘：30cm×40cm。
（3）刮铲或匙。

(4) 台秤：5kg。
(5) 植物粉碎机。

2. 样品制备

(1) 整颗谷粒应彻底混合，无需粉碎。
(2) 颗粒、碎粒和粉粒状的饲料必须用效果均匀的粉碎机（10目筛板）粉碎。

3. 测定步骤

(1) 用四分法采集过10目孔径粉碎筛的1kg左右的代表性样品，混合均匀备用。
(2) 然后将样品非常轻而仔细地放入1000mL的量筒内，直到正好到达1000mL为止。用一刮铲或匙调整容积。
(3) 将样品从量筒中倒出并称量，以g/L为单位计算样品的容重。

4. 结果与计算

(1) 饲料原料的容重按下式计算：

$$\rho = \frac{\omega}{\nu}$$

式中，ρ——饲料容重，g/L；ω——试样质量，g；ν——试样体积，L。
每样要求测定三次，取平均值作为测定结果。
(2) 重复性：三次测定结果相对偏差应不大于12%。

5. 注意事项

(1) 如果饲料原料为整粒的谷粒，则无需粉碎，只需彻底混合均匀即可。
(2) 注意放入饲料样本时应轻放，不得击打。
(3) 各种饲料原料的参考容重见表3-2。

表3-2 饲料原料的参考容重

原　料	容重/(g/L)	原　料	容重/(g/L)
苜蓿（晒干）	224.8	燕麦	273.0～321.1
大麦	353.2～401.4	燕麦粉	352.2
血粉	610.2	花生饼粕	465.6
干啤酒糟	321.1	家禽副产品	545.9
木薯粉	533.4～551.6	碎米	545.9

续表

原 料	容重/(g/L)	原 料	容重/(g/L)
玉米	626.2	米糠	350.7～337.7
玉米粉	701.8～722.9	稻壳	337.2
玉米和玉米芯粉	578.0	大豆饼粕	594.1～610.2
玉米麸质粉	481.7	高粱	545.9
棉籽壳	192.7	高粱粉	706.9～733.7
棉籽饼粕	594.1～642.3	肉粉	786.8
油脂（植物—动物）	834.9～867.1	小麦	610.2～626.2
羽毛粉	545.9	小麦麸	208.7
鱼粉	562	次粉	291～540
肉骨粉	594.3	乳清粉	642.3
糖蜜	1413	干啤酒酵母	658.3
一磷酸盐、二磷酸盐	915.2～931.3		

注：杨胜，1993

第三节 饲料的浮选检测

浮选检测是测定饲料中某种组分或掺假物含量的有效而简便的方法。它使显微镜检技术更加快速、准确地对饲料中的杂质、掺假物或某种组分进行鉴定分析。

一、原理

浮选检测就是利用被检物与其他物质的密度或相对密度（比重）等的不同，用浮选液将被检物与其他物质分离，进而评判被检物品质的好坏。

二、仪器设备

体视显微镜和生物显微镜（0～100倍），烘箱，离心机，离心管（10～40mL），天平，滤纸，漏斗，研钵，搅拌器，小匙，烧杯，刻度试管，玻璃棒，镊子，载玻片，盖玻片，滴定管及支架。

三、浮选液的选择与配制

作为浮选液，必须具备以下特性：不与被测试样发生化学反应；不改变被测试样的外观和结构特征；沸点低，挥发性好；各浮选液组分之间要能互相混溶。常用的几种浮选液组分的相对密度与沸点见表3-3。

表 3-3　几种常见浮选液组分的相对密度

溶剂名称	相对密度/(g/mL)	沸点/℃
甲醇	0.793	65
乙醇	0.789	78
异丙醇	0.789	82
氯仿（三氯甲烷）	1.486	61
四氯化碳	1.594	77
石油醚	0.60～0.63	40～60
乙醚	0.713	35

使用以上浮选液组分可以配制出相对密度值在 0.60～1.59 的各种浮选液。各种浮选液都是基于被测试样的相对密度配制的。首先对被检样品镜检，辨别出样品中所含的各种物质，然后选择介于要分离出的物质和其他物质的相对密度之间的值作为浮选液的相对密度值。

浮选液组分进行配制：

设 ρ_1 为轻比重液体组分的相对密度；ρ_2 为重比重液体组分的相对密度；V_1 为轻比重液体组分需用体积；V_2 为重比重液体组分需用体积。则浮选液的相对密度为：

$$\rho = \frac{V_1\rho_1 + V_2\rho_2}{V_1 + V_2}$$

两种液体组分配制的体积比即为：

$$\frac{V_1}{V_2} = \frac{\rho_2 - \rho}{\rho - \rho_1}$$

对于多组分浮选液的配制，按同理进行。

四、浮选样品的制备

(1) 整粒原料、颗粒饲料和碎粒饲料必须通过 10 目筛孔粉碎机均匀粉碎。

(2) 高脂饲料样品建议脱脂粉碎。称 10g 样品于研钵中研磨后加入 100mL 乙醚，静置 4～5min。轻研样品 1～2min，然后将乙醚倒入离心管，离心使粉粒与液体分离开来。然后将研钵里的样品与离心管中的沉淀物都放入 110℃烘箱中烘干（30min 即可），然后将两部分合并用于浮选鉴定。

五、浮选技术示例

1. 从鱼粉中浮选菜籽饼粕

称取制备好的样品 10g 放入 100mL 烧杯中，加 85mL 混合浮选液（乙醇：

四氯化碳：氯仿＝3∶2∶12），充分搅拌后，静置5min。将悬浮物用小匙转移到滤纸上，清洗烧杯和匙，并将清洗液倒在滤纸上过滤，分离出菜籽饼粕部分。然后，将烧杯里的沉淀物和滤纸上的滤渣放入110℃烘箱中烘干，冷却后称重，即可测出鱼粉中掺假菜籽饼粕的含量。用放大镜或在15倍显微镜下观察上述两部分试样，并与标准品做对比。

2. 从鱼粉中浮选分离水解羽毛粉

称10g样品放入100mL高型烧杯中，加入适量四氯化碳-石油醚混合溶剂（四氯化碳与石油醚的体积比为50∶21）。充分搅拌，然后放置到漂浮层与沉淀层分开。将两部分过滤、烘干、称重，即可算出水解羽毛粉的大致比例。上浮和悬浮物中主要是水解羽毛粉，但也有少量鱼粉（主要是鱼肉）；下沉物中主要是鱼粉，但也有少量的水解羽毛粉。将两部分分别用放大镜或显微镜进一步观察。

3. 饲料中有机物和无机物的分离

将适量样品（10g左右）放入100mL的高型烧杯中，往烧杯中倒入四氯化碳约90mL，搅拌，然后放置10min让其沉淀。用小匙将上浮及粘附于烧杯壁上的有机物倒入滤纸内。再将液体和沉淀的无机物倒入另一张滤纸上过滤，并用四氯化碳将烧杯中剩下的无机物冲洗到该张滤纸上一并过滤。将上述两部分都放到110℃烘箱中烘10min后取出，冷却，称重，由两部分的重量可计算出样品中有机物和无机物的大致百分比。用放大镜或在15倍显微镜下观察上述两部分试样，并与标准品做对比。

第四节 饲料的显微镜检测

为了恰当地评价饲料质量，从总体上了解饲料的物理性状，饲料显微镜检测技术是不可缺少的分析手段。饲料显微镜检测的主要特点是快速、简便、准确。这种检测手段既不需要大型的仪器设备，也不需要复杂的检前准备，只需将被检样品按要求进行研磨、过筛（或脱脂）处理即可。饲料的显微镜检测可对原料成分的纯度进行准确分析。通过饲料显微镜检测可鉴别伪劣商品，控制饲料加工和贮藏品质，弥补化学分析的不足。且在一些国家，显微镜检测已被规定为饲料质量诉讼案的法定裁决方法之一。

一、检测范围

本方法适用于饲料原料及配合饲料的显微镜定性检查。

二、原理

借助显微镜扩大检查者的视觉功能，参照各种饲料标准样品和掺杂样品的外形、色泽硬度、组织结构、细胞形态及染色特征等，对样品的种类、品质进行鉴别和评价。

三、镜检的仪器设备与试剂

1. 仪器设备

（1）立体显微镜：放大 7～40 倍，可变倍。

（2）生物显微镜：放大 40～500 倍，三位以上的换镜旋座，配照明装置和摄影装置。

（3）放大镜：3 倍。

（4）标准筛：可套在一起的孔径为 0.42mm、0.25mm、0.177mm 的筛及底盘。

（5）研钵。

（6）点滴板：黑色或白色。

（7）培养皿，载玻片，盖玻片。

（8）尖头镊子、尖头探针。

（9）天平、电热干燥箱、电炉、酒精灯及其他实验室常用设备。

2. 试剂及溶液

除特殊规定外，本方法所用的试剂均为化学纯、水为蒸馏水。

（1）四氯化碳：ρ（相对密度）为 1.589g/mL。

（2）丙酮 (3+1)：3 体积的丙酮（ρ 为 0.788g/mL）与 1 体积的水混合。

（3）盐酸溶液 (1+1)：1 体积的盐酸（ρ 为 1.18g/mL）与 1 体积的水混合。

（4）硫酸溶液 (1+1)：1 体积的硫酸（ρ 为 1.84g/mL）与 1 体积的水混合。

（5）碘溶液：0.75g 碘化钾和 0.1g 碘溶于 30mL 水中，贮存于棕色瓶中。

（6）茚三酮溶液：5g 茚三酮溶解于 100mL 水中。

（7）硝酸铵溶液：10g 硝酸铵溶解于 100mL 水中。

（8）钼酸盐溶液：20g 三氧化钼溶于 30mL 氨水与 50mL 水的混合液中，将此液缓缓倒入 100mL 硝酸（ρ 为 1.46g/mL）与 250mL 水的混合液中，微热溶解，冷却后与 100mL 硝酸铵溶液混合。

（9）悬浮剂 I：10g 水合氯醛溶解于 10mL 水中，加入 10mL 分析纯甘油。混匀后贮存于棕色瓶中。

（10）悬浮剂 II：160g 水合氯醛溶解于 100mL 水中，并加入 10mL $\rho=$ 1.18g/ml 盐酸溶液。

(11) 硝酸银溶液：10g 硝酸银溶解于 100mL 水中。

(12) 间苯三酚溶液：2g 间苯三酚溶解于 100mL 95％的乙醇中。

四、比照样品

(1) 饲料原料样品：按照国家有关实物标准执行。

(2) 掺杂物样品：搜集木屑、稻谷壳粉、花生荚壳粉等可能的掺杂物。

(3) 杂草种子：搜集常与谷物混杂的杂草种子，贮存于编号的玻璃瓶中。

五、饲料显微镜检的基本步骤

饲料镜检的基本步骤，如图 3-1 所示。

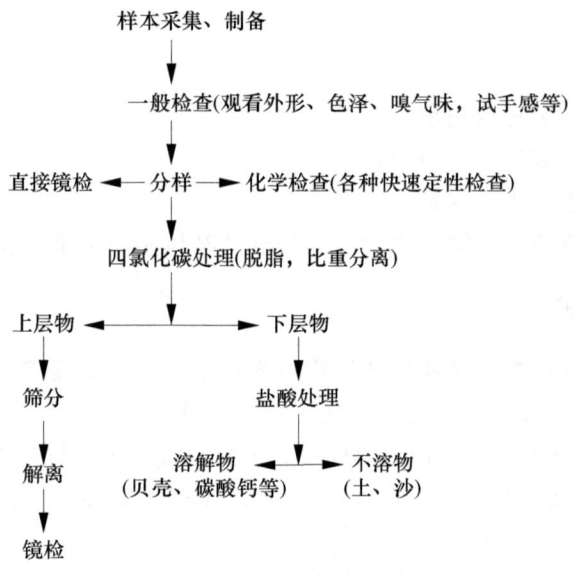

图 3-1　饲料镜检流程图

鉴定步骤应依具体样品进行安排，并非每一样品均须经过以上所有步骤，以能准确无误完成所要求的鉴定为目的。

1. 试样制备

(1) 分样：按 GB/T14699.1 饲料采样方法，混匀试样，用四分法分样到检查所需要量，一般 10~15g。

(2) 筛分：根据试样粒度情况，选用适当组筛，将最大孔径筛置最上面，最小孔径筛置最下面，最下面是筛底盘。将四分法分取得试样置于套筛上充分振摇后，用小勺从每层筛面及筛底各取部分试样分别平摊于培养皿中。

(3) 四氯化碳处理：油脂含量高或粘附有大量的细小颗粒的饲料样品（如鱼粉、肉骨粉及大多数家禽饲料和未知饲料），可先用四氯化碳处理。

取约 10g 试样于 100mL 高型烧杯中，加入约 90mL 四氯化碳，搅拌约 10s，静置 2min，待上下分层清楚后，用勺捞出漂浮物过滤，稍干后置 70℃ 干燥箱中 20min，取出冷却后将试样过筛。必要时也可将沉淀物过滤、干燥、筛分。

(4) 丙酮的处理：因有糖蜜而形成团块结构或水分偏高模糊不清的试样，可先用此法处理。取约 10g 试样于 100mL 高型烧杯中，加入约 70mL 丙酮搅拌数分钟以溶解糖蜜，静置沉降。小心倾析，用丙酮重复洗涤、沉降、倾析 2 次。稍干后置 60℃ 干燥箱中 20min，取出后室温冷却。

(5) 颗粒或团粒试样处理：置几粒于研钵中，用研杵碾压使其分散成各组分，但不要再将组分本身研碎。初步研磨后过孔径为 0.42mm 筛。根据研磨后试样的特征，依照 (1)、(2)、(3) 进行处理。

2. 显微镜检

(1) 立体显微镜检查：立体显微镜下观察，光源可采用充足的自然光或阅读台灯，使光线与样品平面成 45°角为好。

立体显微镜载台的衬板选择要考虑样品色泽。一般检查深色颗粒时用白色衬板；检查浅色颗粒时用黑色衬板。检查一个样品可以先用白色衬板看一遍，再用黑色衬板看。也可用蓝色蜡光纸做衬板观察样品。

检查时先看粗颗粒，再看细颗粒；先用低倍放大，再用高倍放大。也可用尖镊子拨动、翻转，或用探针触探样品。系统地检查培养皿中的每一部分。

为便于观察，可对试样进行木质素染色、淀粉质染色等。检查过程中，以对照样品在相同条件下与被检样品进行对比观察。

记录观察到的各种成分。对于不是样品所示物质，若量小为杂质，量大则为掺假，还要特别注意有害杂质。

(2) 生物显微镜检查：取少许立体显微镜下不能确切鉴定的样品颗粒于载玻片上，加两滴悬浮剂 I，用探针搅拌分散，浸透均匀，加盖玻片，在生物显微镜下先低倍观察，并对各目标加大倍数观察，与对照样品进行对比。取下载玻片，加一滴碘溶液，搅均，再加盖玻片，置显微镜下观察，此时淀粉被染成蓝色至黑色，酵母及其他蛋白质细胞呈黄色至棕色。如果样品透明度低不易观察，可取少量样品，加 5mL 悬浮液 II，煮沸 1min，冷却后取 1~2 滴底部沉淀物于载玻片上，加盖玻片镜检。

3. 显微摄影

饲料镜检时，把镜下所见进行显微摄影，得到显微照片对照样品进行对比，有利于鉴别。

显微摄影与普通摄影还是有很大的差别的。例如,显微摄影的曝光量十分关键,最好配有电子测光装置,选择最佳曝光量。

在生物显微镜上摄影要考虑反差,尽量少留空视野,避免测光与样品合适的曝光量不同。调节曝光量时,在立体显微镜下可调节光源距离;在生物显微镜上应调节光圈。

六、结果表示

镜检结果的表示方法,包括饲料样品的外观、色泽、气味及显微镜下所见物质的记录,还包括给出所检样品是否与送检名称相符合的结论。

七、常见饲料原料的显微特征

1. 谷物类原料

(1) 玉米及制品:玉米粉碎后各部分特征明显。体视镜下,玉米表皮为薄而半透明,略有光泽,呈不规则片状,较硬,其上有较细的条纹。角质淀粉为黄色(白玉米为白色),多边,有棱,有光泽,较硬;粉质淀粉为疏松、不定型颗粒,白色,易破裂,许多粉质淀粉颗粒和糊粉层的细小粉末常粘附于角质淀粉颗粒和玉米皮表面,另外还可见漏斗状帽盖和质轻而薄的红色片状颖花。

生物镜下,可见玉米表皮细胞,长形,壁厚,相互连接排列紧密,如念珠状。角质淀粉的淀粉粒为多角形;粉质淀粉淀粉粒为圆形,多成对排列。每个淀粉粒中央有一个清晰的脐点,脐点中心向外有放射性裂纹。

(2) 小麦及制品:小麦麸皮多为片状结构,其片大小、形状依制粉程度不同而不同,通常可分为大片麸皮和小片麸皮。大片麸皮片状结构大,表面上保留有小麦粒的光泽和细微横向纵纹,略有卷曲,麸皮内表面附有许多淀粉颗粒。小片麸皮片状结构小,淀粉含量高。小麦的胚芽扁平,浅黄色,含有油脂,粉碎时易分离出来。

高倍镜下可见小麦麸皮由多层组成,具有链珠状的细胞壁,仅一层管状细胞,在管细胞上整齐地排列一层横纹细胞。链珠状的细胞壁清晰可见。小麦淀粉颗粒较大,直径达 $30\sim40\mu m$,圆形,有时可见双凸透镜状,没有明显的脐点。

(3) 高粱及制品:在体视镜下,可见皮层紧紧附在角质淀粉上,粉碎物粒度大小参差不齐,呈圆形或不规则形状,颜色因品种而异,可为白、红褐、淡黄等。角质淀粉表面粗糙,不透明;粉质淀粉色白,有光泽,呈粉状。

在高倍镜下,高粱种皮和淀粉颗粒的特征在鉴定上尤为重要。其种皮色彩丰富,细胞内充满了红色、橘红、粉红和黄色的色素颗粒,淡红棕色的色素颗粒常占优势。高粱的淀粉颗粒与玉米淀粉颗粒极为相似，也为多边形，中心有明显的脐点并向外至放射状裂纹。

(4) 稻谷及制品：在体视显微镜下，稻谷壳呈较规则的长形块状，一些交错的纹理凹陷而使得突起部分呈棂格状排布，并闪着光泽，如珍珠亮点，可见刚毛。高倍镜下，可见管细胞上纵似排布的弯曲细胞，细胞壁较厚，这种特有的细胞排列方式是稻谷壳在生物显微镜下的主要特征。米糠是一层种皮，由于稻谷的种皮包裹在胚乳、胚芽之外不易脱落，因此在米糠中常有许多碎米。体视镜下，米糠为无色透明，柔软，含油脂或不含油脂（全脂米糠或脱脂米糠）的薄片状结构，其中还有一些碎小的稻壳，碎米粒较小，具有晶莹剔透之感。生物镜下米糠的细胞非常小，细胞壁薄而呈波纹状，略有规律的细胞排列形式似筛格状。米粒的淀粉粒小呈圆形，有脐点，常聚集成团。

2. 饼粕类原料

(1) 大豆饼粕：在体视镜下，可见明显的大块种皮和种脐，种皮表面光滑，坚硬且脆，向内面卷曲。在 20 倍放大条件下，种皮外表面可见明显的凹痕和针状小孔，内表面为白色多孔海绵状组织，种脐明显，长椭圆形，有棕色、黑色、黄色。浸出粒中，子叶颗粒大小较均匀，形状不规则，边缘锋利，硬而脆，无光泽不透明，呈奶油色或黄褐色。由豆饼粉碎后的粉碎物中，子叶因挤压而成团，近圆形，边缘浑圆，质地粗糙，颜色外深内浅。

高倍镜下大豆种皮是大豆饼粕的主要鉴定特征。在处理后的大豆种皮表面可见多个凹陷的小点及向四周呈现的辐射状裂纹，犹如一朵朵小花，同时还可看见表面的"工"字形细胞。

(2) 花生饼粕：花生饼粕以碎花生仁为主，但仍有不少花生种皮、果皮存在。体视镜下，能找到破碎外壳上的成束纤维脊，或粗糙的网络状纤维，还能看见白色柔软有光泽的小块。种皮非常薄，呈粉红色、红色或深紫色，并有纹理，常附着在籽仁的碎块上。

生物镜下，花生壳上交错排列的纤维更加明显，内果皮带有小孔，中果皮为薄壁组织，种皮的表皮细胞有 4～5 个边的厚壁，壁上有孔，由正面观可看到细胞壁上有许多指状突起物。籽仁的细胞大，壁多孔，含油滴。

(3) 棉籽饼粕：棉籽饼粕主要由棉籽仁、少量的棉籽壳、棉纤维构成。在体视显微镜下，可见棉籽壳和短绒毛粘附在棉籽仁颗粒中，棉纤维中空、扁平、卷曲；棉籽壳为略凹陷的块状物，呈弧形弯曲，壳厚，棕色、红棕色。棉仁碎粒为黄色或黄褐色，含有许多黑色或红褐色的棉酚色素腺。棉籽压榨时将棉仁碎片和外壳都压在一起了，看起来颜色较暗，每一碎片的结构难以看清。

生物镜下，可见棉籽种皮细胞壁厚，似纤维，带状，呈不规则的弯曲，细胞空腔较小，多个相邻细胞排列呈花瓣状。

（4）菜籽饼粕：在体视镜下，菜籽饼粕中的种皮仍为主要的鉴定特征。一般为很薄的小块状，扁平，单层，黄褐色至红棕色。表面有油光泽，可见凹陷刻窝。种皮和籽仁碎片不连在一起，易碎。种皮内表面有柔弱的半透明白色薄片附着。子叶为不规则小碎片，黄色无光泽，质脆。

生物镜下，菜籽饼粕最典型的特征是种皮上的栅栏细胞，有褐色色素，为4～5边形，细胞壁深褐色，壁厚，有宽大的细胞内腔，其直径超过细胞壁宽度，表面观察，这些栅栏细胞在形状、大小上都较近似，相邻两细胞间总以较长的一边相对排列，细胞间连接紧密。

3. 常见动物性原料的显微特征

（1）鱼粉：在体视镜下，鱼肉颗粒较大，表面粗糙，用小镊子触之有纤维状破裂，有的鱼肌纤维呈短断片状。鱼骨是鱼粉鉴定中的重要依据，多为半透明或不透明的碎片，仔细观察可找到鱼体各部位的鱼骨，如鱼刺、鱼脊、鱼头等。鱼眼球为乳白色玻璃球状物，较硬。鱼鳞是一种薄平而卷曲的片状物，半透明，有圆心环纹。

（2）虾壳粉：在显微镜下的主要特征是触角、虾壳及复眼。虾触须以片断存在，呈长管状，常有4个环节相连；虾壳薄而透明。头部的壳片则厚而不透明，壳表面有平行线，中间有横纹，部分壳有十字形线或玫瑰花形线纹；虾眼为复眼，多为皱缩的小片，深紫色或黑色，表面上有横影线。

（3）贝壳粉：体视镜下，贝壳粉多为小的颗粒状物，质硬，表面光滑，多为白色至灰色，光泽暗淡，有些颗粒的外表面具有同心或平行的线纹。

（4）骨粉及肉骨粉：在肉骨粉中，肉的含量一般较少，颗粒具油腻感，浅黄至深褐色，粗糙，可见肌纤维。骨为不定型块状，边缘浑圆，灰白色，具有明显松质骨，不透明。肉骨粉及骨粉中还常有动物毛发，长而稍卷曲，黑色或灰白色。

（5）血粉：喷雾干燥的血粉多为血红色小珠状，晶亮，滚筒干燥的血粉为边缘锐利的块状，深红色，厚的地方为黑色，薄的地方为血红色，透明，其上可见小血细胞亮点。

（6）水解羽毛粉：其多为碎玻璃状或松香状的小块状。透明易碎，浅灰、黄褐色至黑色，断裂时常呈扇状边缘。在水解羽毛粉中，仍可找到未完全水解的羽毛残枝。

小 结

饲料物理性状检验是指根据饲料的形态特征、物化特点鉴定饲料质量（或混杂物）的方法。物理性状检验方法主要有感官鉴别、容重测定、浮选检测和显微镜检等。感观检测是常用的检测方法，是指用视觉、味觉、触觉和齿觉等进行的检测，也是最原始、最简单、最重要、最廉价的检测方法。容重测定是指将饲料原料样品的容重与纯料的容重进行对比，如果饲料原料中含有杂质（或掺杂物），容重就会改变（或大，或小）；根据容重测定结果，对饲料品质进行评判。浮选检测是测定饲料中某种组分（或掺假物）含量的有效而简便的方法，它使显微镜检技术更加快速、准确地对饲料中的杂质、掺假物或某种组分进行鉴定分析。显微镜检是以动植物形态学、组织细胞学为基础，借助显微镜扩展检查者的视觉功能，将显微镜下所见饲料的形态特征、物化特点、物理性状与实际使用的饲料原料应有的特征进行对比分析和品质鉴别。

思 考 题

1. 如何运用感官方法鉴定鱼粉的品质？
2. 简述饲料容重的测定原理及测定步骤。
3. 简述饲料显微镜检的目的和原理。
4. 如何对饲料进行显微镜检？

第四章 饲料常规成分分析

饲料常规成分分析是进行饲料原料和产品质量控制的最基本的方法，也是必须掌握的实验分析技术。对饲料进行化学分析主要是测定饲料的化学组成和各种营养成分的含量，是进行营养价值评定的基础。本章将系统介绍各类常规分析方法的原理、操作步骤和注意事项。

第一节 水分的测定

饲料中的水以自由水（primary moisture）和束缚水（absorption water）两种状态存在。自由水存在于植物细胞间，它与细胞结合不紧密，容易挥发。束缚水与细胞内胶体物质紧密地结合在一起，难以挥发。饲料中的总水分就是自由水和束缚水的总和。

饲料中水分含量的测定，是评定饲料营养价值的基础。饲料水分测定的常用方法有以下5种：①恒温干燥法：把样品放入105℃的烘箱中，烘至恒重，样本失重就是水分含量。水分蒸发时，一些短链脂肪酸和有机酸挥发而损失，影响测定结果的准确性。②真空干燥法：样本在低温真空条件时，水的沸点降低，利用这一原理来测定饲料样品中的含水量。真空干燥还可以减少其他挥发性化合物的相对损失。③低温干燥法：在低温下样本快速冻结，然后在真空条件下，样本中水的结晶体不变成液体而直接升华为气体。这种干燥方法能防止样本中很多挥发性物质的损失。④甲苯蒸馏法：样本中的水分与甲苯或二甲苯一起蒸馏，根据蒸馏出的体积计算水分含量。⑤水分的快速测定：用一些水分快速测定的仪器和装置，可加快水分测定速度，用于养殖场或饲料厂原料和产品质量的快速检测。

一、适用范围

本方法适用于测定单一饲料和配合饲料中水分含量的测定，但用作饲料的奶制品、动植物油脂、矿物质除外。

二、原理

试样在 105 ± 2 ℃烘箱内，在1个标准大气压（$1atm=1.01\times10^5 Pa$）下烘干，直到恒重，逸失的重量为水分重量。

三、仪器设备

(1) 实验室用样品粉碎机、研钵或万能粉碎机。
(2) 分样筛：孔径为 0.45mm（40 目）。
(3) 分析天平：感量为 0.0001g。
(4) 称样皿：玻璃或铝质，直径为 40mm 以上，高 25mm 以下。
(5) 电热式恒温烘箱，可控制温度为 105±2℃。
(6) 干燥器：用氯化钙或变色硅胶作干燥剂。

四、试样的选取和制备

(1) 选取有代表性试样，原始样品应在 1000g 以上。
(2) 用四分法将原始样品缩分至 500g，风干后粉碎到 40 目，再用四分法缩分到 200g，密封阴凉保存。
(3) 如果试样是水分含量高的新鲜样品，应预先干燥处理。称取 200~500g 的新鲜样品，放入 120℃ 的烘箱中烘 10~15min，使新鲜饲料中各种酶失活，然后迅速将该饲料样品放入 65±5℃ 烘箱内，烘干 5~6h 后，将搪瓷盘从烘箱中取出，置于室内空气中冷却回潮约 4h 称重，即得风干试样。

五、测定步骤

(1) 称样皿恒重：洗净称样皿，在 105±2℃ 烘箱中，开盖烘 1h。用坩埚钳取出，在干燥器中冷却 30min，称准至 0.0002g，再烘干 30min，同样冷却，称重。直至 2 次重量之差小于 0.0005g 时为恒重，并以较低的数值作为称量皿重，记为 m_0。
(2) 称样：用已恒重称样皿称取两份平行试样，每份 2~5g（含水量 0.1g 以上，样品厚度 4mm 以下）称准至 0.0002g，为 105℃ 烘干前试样及称量皿的总重，记为 m_1。
(3) 样品恒重：不盖称样皿盖，在 105±2℃ 烘箱中烘 3h（以温度到达 105℃ 开始计时），盖好称样皿盖，取出。在干燥器中冷却 30min，称重。再烘干 1h，冷却，称重。直至 2 次称重之差小于 0.002g。以其中较低的数值作为 105℃ 烘干后试样及称样皿的总重，记为 m_2。

六、测定结果的计算

(1) 计算公式：

$$水分(\%) \frac{m_1 - m_2}{m_1 - m_0} \times 100\%$$

式中，m_1——105℃ 烘干前试样及称样皿的总重，g；m_2——105℃ 烘干后试样及称样皿的总重，g；m_0——已恒重的称样皿重，g。

（2）重复性：每个试样，应取两个平行样进行测定，以其算术平均值为结果。两个平行样测定值相差不得超过0.2%，否则重做。

七、注意事项

（1）某些含脂肪高的样品，烘干时间长反而增重，乃脂肪氧化所致，应以增重前那次重量为准。

（2）含糖分高的易分解或易焦化试样，应使用减压干燥法（70℃，600mm汞柱以下，烘干5h）测水分。

（3）挥发性物质含量高的样本，应采用冷冻干燥法测定含水量，以减少挥发性物质在加热过程中的损失。

第二节　粗蛋白质的测定

饲料中的粗蛋白质（crude protein，CP）包括（纯）蛋白质与非蛋白氮两部分。蛋白质是由多种氨基酸结合而成的高分子化合物；非蛋白氮则泛指非蛋白质形态的含氮化合物，包括游离氨基酸、酰胺、氨、硝酸盐、生物碱、核酸、含氮糖苷、尿素等。

一、适用范围

本方法适用于配合饲料、浓缩饲料和单一饲料。

二、原理

凯氏法测定试样中的含氮量，就是在催化剂（如 $CuSO_4$、K_2SO_4 或 Na_2SO_4 或 Se 粉）的催化下，用硫酸破坏有机物，使含氮物转化成硫酸铵。加入强碱进行蒸馏使氨逸出，用硼酸吸收成为硼酸铵，用甲基红和溴甲酚绿作指示剂，用酸滴定，测出氮含量，将结果乘以氮与蛋白质的换算系数6.25，计算出粗蛋白的含量。其主要化学反应如下：

$$2CH_3CHNH_2COOH + 13H_2SO_4 \longrightarrow (NH_4)_2SO_4 + 6CO_2\uparrow + 12SO_2\uparrow + 16H_2O$$
$$(NH_4)_2SO_4 + 2NaOH \longrightarrow 2NH_3\uparrow + 2H_2O + Na_2SO_4$$
$$4H_3BO_4 + NH_3 \longrightarrow NH_4HB_4O_7 + 5H_2O$$
$$NH_4HB_4O_7 + HCl + 5H_2O \longrightarrow NH_4Cl + 4H_3BO_3$$

硫酸铜作为催化剂反应如下：

$$C（有机质）+ 2CuSO_4 \longrightarrow Cu_2SO_4 + SO_2\uparrow + CO_2\uparrow$$
$$Cu_2SO_4 + 2H_2SO_4 \longrightarrow 2CuSO_4 + 2H_2O + SO_2\uparrow$$

硫酸钠作为催化剂反应如下：

$$Na_2SO_4 + H_2SO_4 \longrightarrow 2NaHSO_4$$

$$NaHSO_4 \longrightarrow Na_2SO_4 + H_2O + SO_3 \uparrow$$

三、仪器及试剂

(一) 仪器

(1) 实验室用样品粉碎机或研钵。

(2) 分样筛：孔径为 0.45mm (40 目)。

(3) 分析天平：感量为 0.0001g。

(4) 消煮炉或电炉。

(5) 滴定管：酸式，10mL、25mL。

(6) 凯氏烧瓶：100mL、250mL。

(7) 凯氏蒸馏装置：常量直接蒸馏式或半微量水蒸气蒸馏式。

(8) 锥形瓶：150mL、250mL。

(9) 容量瓶：100mL。

(10) 消煮管：250mL。

(11) 定氮仪：以凯氏原理制造的各种类型半自动、全自动蛋白质测定仪。

(二) 试剂

(1) 硫酸 (GB 625)：化学纯，含量为 98%，无氮。

(2) 硫酸铜 (GB 665)：化学纯，含有 5 个结晶水。

(3) 氢氧化钠 (GB 629)：化学纯，40g 溶成 100mL 配成 40%水溶液 (W/V)。

(4) 硫酸钾 (HG3-920)：化学纯。或硫酸钠 (HG3-908)：化学纯。

(5) 硼酸 (GB 628)：化学纯，2g 溶于 100mL 水配成 2%溶液 (W/V)。

(6) 混合指示剂：甲基红 (HG3-958) 0.1%乙醇溶液，溴甲酚绿 (HG3-1220) 0.5%乙醇溶液。将两溶液等体积混合，阴凉处保存，有效期 3 个月。

(7) 盐酸标准溶液：

8.3mL 盐酸 (GB 622)：分析纯，注入 1000mL 蒸馏水中，配成 0.1mol/L 的盐酸标准溶液。

1.67mL 盐酸 (GB 622)：分析纯，注入 1000mL 蒸馏水中，配成 0.02mol/L 的盐酸标准溶液。

(8) 蔗糖 (HG3-1001)：分析纯。

(9) 硫酸铵 (GB 1396)：分析纯，干燥。

四、测定步骤

1. 试样的消煮

称取 0.5~1g 试样 (含氮量为 5~80mg)，称准至 0.0002g (液体或膏状黏液试样，用干净的、可放入凯氏烧瓶的小玻璃容器称样），无损地放入凯氏烧瓶中，加入硫酸铜 0.4g、无水硫酸钾（或硫酸钠）6g，与试样混合均匀，再加硫酸 10mL 和 2 粒玻璃珠，在消煮炉上小心加热，待样品焦化，泡沫消失，再加强火力（360～410℃）直至溶液澄清后，再加热至少 2h。

2. 氨的蒸馏

(1) 半微量水蒸气蒸馏法：将上述消煮液冷却，加蒸馏水 20mL，摇匀转入 100mL 容量瓶，反复 3 次。冷却后用水稀释至刻度，摇匀，作为试样分解液。取 20mL 2％硼酸溶液，加混合指示剂 2 滴，使半微量蒸馏装置（图 4-1）的冷凝管末端（图 4-1i）浸入此溶液。蒸馏装置的蒸气发生器的水中应加甲基红指示剂数滴、硫酸数滴，且保持此液为橙红色，否则补加硫酸。准确移取试样分解液 10～20mL（使含氮 1mg 左右）从反应室入口（图 4-1d）注入蒸馏装置的反应室（图 4-1e）中，用少量蒸馏水冲洗进样入口，塞好入口玻璃塞，再加 10mL 40％氢氧化钠溶液，小心提取玻璃塞使之流入反应室（图 4-1e），将玻璃塞塞好，且在入口处（图 4-1d）加水，提起玻璃塞使少量水流入反应室（图 4-1e）洗涤碱液，剩余水封在入口处，防止漏气。立即关紧橡皮管螺丝夹（图 4-1g），同时打开螺丝夹（图 4-1c），使烧瓶的蒸气通入反应室（图 4-1e），蒸馏 4min，使冷凝管末端离开三角瓶（图 4-1i）吸收液面，再蒸馏 1min，用蒸馏水冲洗冷凝管末端，洗液均流入吸收液，然后停止蒸馏。取下三角瓶，用气压差原理，立即关紧螺丝夹（图 4-1c），提起小玻璃杯中的棒状玻璃塞，反应室内蒸气冷却后造成的负压，使反应室内残液倒流入反应室外层（图 4-1f），如外层水满，则打开螺丝夹（图 4-1c、g），则水流入下的烧杯，如此反复 3～4 次，可洗净反应室，供下次使用。

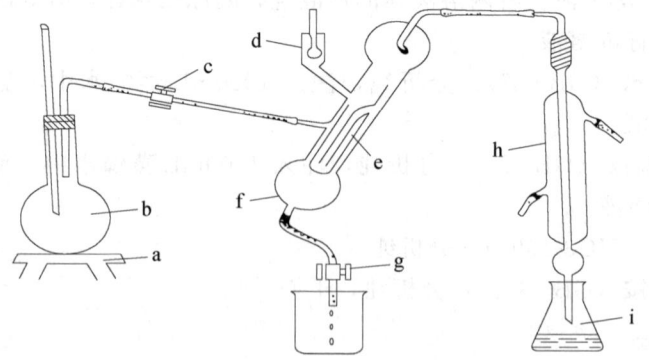

图 4-1 半微量凯氏蒸馏装置
a. 电炉；b. 蒸汽发生器；c. 螺丝夹；d. 小玻杯及棒状玻塞；e. 反应室；
f. 反应室外层；g. 橡皮管螺丝夹；h. 冷凝管；i. 蒸馏液接收三角瓶

(2) 常量蒸馏法：将试样消煮液冷却，加蒸馏水 60～100mL，摇匀，冷却。将蒸馏装置的冷凝管末端浸入装有 25mL 硼酸吸收液和 2 滴混合指示剂的锥形瓶中。接着小心沿凯氏烧瓶壁加入氢氧化钠溶液 50mL，轻摇凯氏烧瓶，使溶液混合均匀，再加热蒸馏，直到馏出液体积为 100mL。降下锥形瓶，使冷凝管末端离开液面，继续蒸馏 1～2min，并用蒸馏水冲洗冷凝管末端，洗液均均需流入锥形瓶中，然后停止蒸馏。

3. 滴定

吸收氨后的吸收液，应立即用 0.1mol/L 盐酸标准溶液滴定，溶液由蓝绿色变为灰红色为终点。

4. 空白测定

称取蔗糖 0.5g，代替试样，按上述步骤进行空白测定，消耗 0.1mol/L 盐酸标准溶液的体积不得超出 0.2mL。消耗 0.02mol/L 盐酸标准溶液不得超过 0.3mL。

5. 蒸馏步骤的检验

准确称以 0.2g 硫酸铵，代替试样，用蒸馏水溶解，移入 100mL 容量瓶中定容。按 2 和 3 的测定步骤操作，测得硫酸铵的含氮量应为 21.19±0.2%，否则应检查加碱、蒸馏和滴定各步骤是否正确。

五、测定结果的计算

1. 计算公式

$$粗蛋白\% = \frac{(V_2 - V_1) \times c \times 0.0140 \times 6.25}{m \times \frac{V'}{V}} \times 100\%$$

式中，V_2——滴定试样时所需标准酸溶液体积，mL；V_1——滴定空白时所需标准酸溶液体积，mL；c——盐酸标准溶液浓度，mol/L；V——试样分解液总体积，mL；V'——试样分解液蒸馏用体积，mL；m——试样重量，g；0.0140——氮原子的摩尔质量（g/mol）即 1.00mL 标准酸滴定溶液 [c(HCl)=1.000mol/L] 相当于质量为 0.0140g 的氮；6.25——氮换算成蛋白质的平均系数。

2. 重复性

每个试样取两平行样进行测定，以其算术平均值为结果。当粗蛋白质含量在

25%以上，允许相对偏差为 1%；当粗蛋白质含量在 10%～25%，允许相对偏差为 2%；当粗蛋白质含量在 10% 以下，允许相对偏差为 3%。

六、注意事项

（1）风干试样的称取量，应使样品中含氮量为 5～80mg。

（2）无水硫酸钠和无水硫酸钾作为催化剂，加入的量不能过多，虽然量多时可缩短消化时间，但当盐的浓度超过 0.8g/mL，消化管内容物冷却后易结块。所以，消煮过程中盐的浓度就控制在 0.35～0.45g/mL。

（3）浓硫酸在消煮样品时，作为分解剂以其强酸性和强氧化性使有机物分解。消化时的用量以淹没样品为宜，对脂肪含量较高的样品，可适当增加用量。在样品消煮过程中，当硫酸消耗过多时，会影响盐的浓度，一般在凯氏烧瓶口插入一小漏斗，以减少硫酸损失。

第三节　粗脂肪的测定

粗脂肪（ether extract）是饲料中脂肪性物质的总称。粗脂肪除真脂肪外，还含有其他溶于乙醚的有机物质，如叶绿素、胡萝卜素、有机酸、树脂、脂溶性维生素等，故称为粗脂肪或乙醚浸出物。

一、适用范围

本方法适用于单一饲料、混合饲料、配合饲料和预混料。

二、原理

在索氏（Soxhlet）脂肪提取器中，用乙醚反复提取试样，称提取物的重量，测定结果称粗脂肪或乙醚提取物。

三、仪器及试剂

1. 仪器

（1）实验室用样品粉碎机或研钵。

（2）分样筛：孔径为 0.4mm（40 目）。

（3）分析天平：感量为 0.0001g。

（4）电热恒温水浴锅：室温至 100℃。

（5）恒温烘箱：50～100℃。

（6）索氏脂肪提取器：100mL 或 150mL。

（7）滤纸或滤纸筒：中速，脱脂。

(8) 干燥器：用氯化钙或变色硅胶为干燥剂。

2. 试剂

无水乙醚：分析纯。

四、测定步骤

(1) 索氏提取器安装。把整套索氏脂肪提取器洗净，在 105±2℃烘箱中烘干 30min，把盛醚瓶放入干燥器中冷却 30min，称重。再烘干 30min，同样冷却称重，两次重量之差小于 0.0008g 为恒重，记下盛醚瓶重量为 m_1。然后将全套脂肪提取器按图 4-2 安置在水浴锅上。

(2) 取样、包样、烘样。先用铅笔在脱脂滤纸上写明样品名称及编号，称取试样 1~5g，准确至 0.0002g，记下重量为 m，试样放入滤纸筒中，或用滤纸包好，放入 105℃烘箱中，烘干 2h（或称测水分后的干试样，折算成风干样重），取出在干燥器内冷却，然后用长柄镊子夹住滤纸包放入抽提腔内（图 4-2），滤纸筒不能高于抽取器虹吸管的高度，滤纸包长度应以可全部浸泡于乙醚中为准。在抽提瓶中加无水乙醚至虹吸管高度处，则乙醚自动流入盛醚瓶中，再加乙醚至虹吸管 2/3 处，准备浸提。

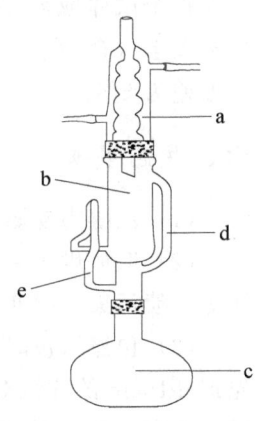

图 4-2 索氏脂肪提取器
a. 冷凝器；b. 抽提腔；
c. 盛醚瓶；d. 蒸汽管；
e. 虹吸管

(3) 浸提：将水浴锅的温度维持在 60~75℃，乙醚受热挥发，其蒸气经过抽取器大的通路（侧管）进入冷凝管，冷凝为液体，滴在抽取器内的滤纸包上，当液面逐渐上升，浸没滤纸包时，样品中的脂肪即被溶解出来，待乙醚液面超过虹吸管高度时，溶有脂肪的乙醚通过虹吸管回流到脂肪瓶中。如此反复，乙醚连续循环浸提样品中有粗脂肪。控制乙醚回流次数为每小时约 10 次，共回流约 50 次（含油高的试样约 70 次）或检查抽提管流出的乙醚液，待其挥发后不留下油迹即为抽提终点。

(4) 乙醚回收：取出滤纸包，将索氏提取器装置安装好，再回流一次，以冲洗抽提管。继续蒸馏，当抽提管中的乙醚到虹吸管高度的 2/3 时，拿开脂肪瓶，抽提管向一侧倾斜，则可由抽提管下口回收乙醚。如此反复，直至抽提瓶中的乙醚几乎全部收完，取下抽提瓶，在水浴上蒸去残余乙醚。擦净瓶外壁。将抽提瓶放入 105±2℃烘箱中烘干 1h，置于干燥器中冷却 30min，称重，再烘干 30min，同样冷却称重，两次重量之差小于 0.001g 为恒重，记下包含粗脂肪的脂肪瓶重 m_2。

五、测定结果的计算

1. 计算公式

$$粗灰分 = \frac{m_3 - m_1}{m} \times 100\%$$

式中，m—风干试样重，g；m_1—已恒重的抽提瓶重量，g；m_2—已恒重的盛有脂肪的抽提瓶重量，g。

2. 重复性

每个试样取两平行样进行测定，以其算术平均值为结果。粗脂肪含量在10%以上（含10%），允许相对偏差为3%；粗脂肪含量在10%以下时，允许相对偏差为5%。

六、注意事项

(1) 乙醚为易燃物，在用乙醚提取粗脂肪时，实验室内应禁止明火。

(2) 取放烘干后的盛醚瓶时，应用坩埚钳或戴上干净手套，以免手上的油、汗等污渍污染盛醚瓶而影响结果的准确性。

(3) 包滤纸包时，应把手洗干净，以免影响结果。滤纸包的折叠方法是：首先把 Φ15cm 的滤纸对折，在半圆形开口的一侧 1.5cm 处连续向内折叠两次，折成一个宽 4.5cm 的双层滤纸条（图 4-3a、b）；把双层滤纸条的两端向半圆的底边直角折叠，再将突出部位折向背侧（图 4-3c、d），在滤纸下方即可得一等边直

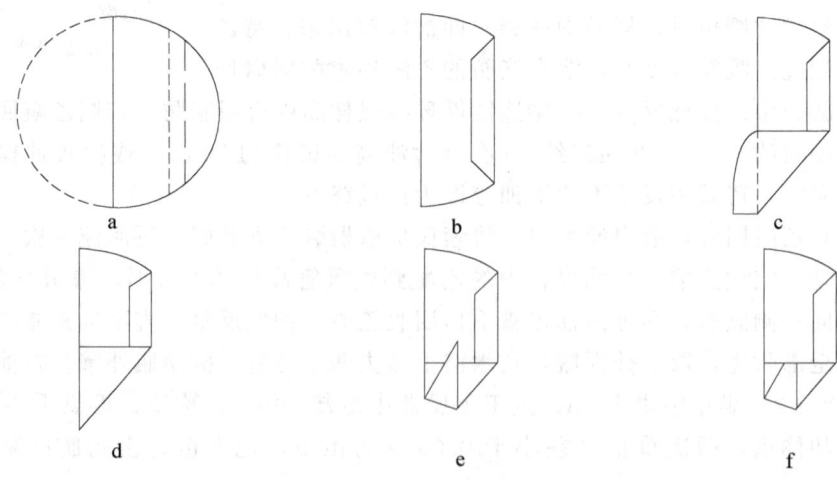

图 4-3 滤纸包的折叠方法

角三角形；接着把该三角形下侧方的一角向上沿滤纸垂直方向折起约 3.5cm，形成一纸袋（图 2-3e）；再将突出的小角向内折叠插入纸袋（图 2-3f），即完成滤纸包一端的封闭。然后用同样方法将滤纸包的另一端折叠。

第四节　粗纤维的测定

粗纤维（crude fiber）是植物细胞壁的主要组成成分，包括纤维素、半纤维素、木质素及角质等，是饲料中较难被消化的部分。粗纤维不仅本身难以被单胃动物消化，而且还会妨碍植物细胞内其他营养物质的消化吸收，使饲料营养价值降低。但对反刍动物来说，粗纤维仍是正常消化生理中不可缺少的养分之一。

一、适用范围

本方法适用于单一饲料、混合饲料、配合饲料和浓缩饲料。

二、原理

用浓度准确的酸和碱，在特定条件下消煮样品，再用乙醇除去可溶物，高温灼烧扣除矿物质的量，所余量即为粗纤维。

三、仪器和试剂

1. 仪器

（1）实验室用样品粉碎机。

（2）分样筛：孔径 1mm（18 目）。

（3）分析天平：感量 0.0001g。

（4）电热恒温箱：可控制温 130℃。

（5）高温炉：电加热，有高温计且可控制炉温在 550～600℃。

（6）消煮冷凝回流器：有冷凝球的高型烧杯（600mL）或有冷凝管的锥形瓶（图 4-4）。

（7）过滤装置：抽真空装置、吸滤瓶及漏斗（图 4-5）。

（8）滤器：200 目不锈钢网或尼龙网，或 G2 号玻璃滤器。

（9）古氏坩埚：30mL，预先加入 30mL 酸洗石棉悬浮液（内含酸洗石棉 0.2～0.3g），再抽干，以石棉厚度均匀、不透光为宜。

（10）干燥器：以氯化钙或变色硅胶为干燥剂。

2. 试剂

（1）硫酸（GB 625）：分析纯，0.128±0.005mol/L，用氢氧化钠标准溶液标定。

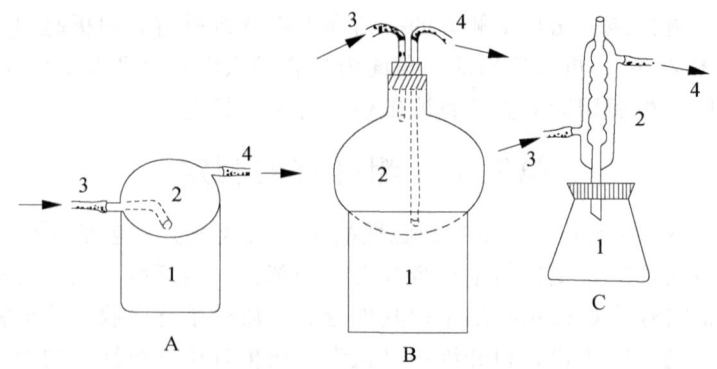

图 4-4 消煮冷凝回流装置
A：1. 高型烧杯；2. 冷凝球；3. 进水管；4. 出水管
B：1. 烧杯；2. 圆底烧瓶；3. 进水管；4. 出水管
C：1. 三角瓶；2. 冷凝管；3. 进水管；4. 出水管

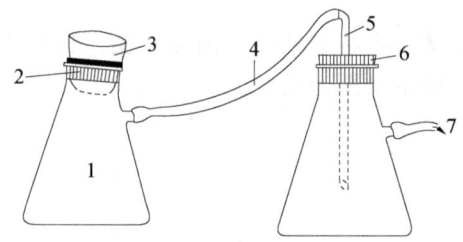

图 4-5 抽滤装置
1. 抽滤瓶；2. 坩埚垫；3. 古氏坩埚；4. 胶管；5. 玻璃管；6. 胶塞；7. 接真空泵的胶管

(2) 氢氧化钠（GB 629）：分析纯，0.313±0.005mol/L，用邻苯二甲酸氢钾标定，不含或微含碳酸钠。

(3) 酸洗石棉：市售或自制。自制采用中等长度酸洗石棉在（1+3）的盐酸中煮沸 45min，过滤后于 550℃ 灼烧 16h，用 0.128mol/L 硫酸浸泡且煮沸 30min，过滤，用少量 0.128mol/L 硫酸溶液洗 1 次，再用水洗净，烘干后于 550℃ 灼烧 2h，其空白试验结果为每克石棉含粗纤维值小于 1mg。

(4) 95%乙醇（GB 679）：化学纯。

(5) 乙醚（HG 3-1002）：化学纯。

(6) 正辛醇：分析纯。防泡剂。

四、测定步骤

(1) 称样与脱脂：称取 1~2g 试样，准确至 0.0002g，用乙醚脱脂（含脂肪小于 1%可不脱脂；含脂肪 1%~10%的，建议脱脂；含脂肪在 10%以上必须脱脂，或用测定脂肪后的试样残渣）。

(2) 酸碱消煮：将试样放入消煮冷凝装置（图 4-4）的烧杯中，加入已沸腾的 0.128mol/L 硫酸溶液 200mL 和 1 滴正辛醇，立即加热，应使其在 2min 内沸腾，且连续微沸 30min，注意保持硫酸浓度不变，试样不应离开溶液粘到烧杯壁上（可补加沸蒸馏水）。随后过滤，用沸腾蒸馏水洗到中性后抽干，取下不溶物，放入原容器中，加入已沸腾的 0.313mol/L 氢氧化钠溶液 200mL，同样微沸 30min。

(3) 灼烧称重：将上述沸液取下，立即置于铺有石棉的古氏坩埚内抽滤，先用 0.218mol/L 硫酸溶液 25mL 洗涤，再用沸腾蒸馏水洗至洗液为中性，接着用 95%乙醇 15mL 洗残渣，再将古氏坩埚和残渣放入烘箱，于 130±2℃下烘 2h，在干燥器中冷却至室温，称重。再置于 550±25℃的高温炉中灼烧 30min，在干燥器中冷却至室温后称重。

五、测定结果的计算

1. 计算公式

$$粗纤维 = \frac{m_1 - m_2}{m} \times 100\%$$

式中，m_1—130℃烘干后坩埚及试样残渣重，g；m_2—550℃灼烧后坩埚及试样残渣重，g；m—试样（未脱脂时）重量，g。

2. 重复性

每个试样应取两平行样进行测定，以其算术平均值为结果。粗纤维含量在 10%以下，允许相差（绝对值）为 0.4；粗纤维含量在 10%以上，允许相对偏差为 4%。

附　中性洗涤纤维及酸性洗涤纤维的测定

一、目的

了解和掌握饲料中中性洗涤纤维、酸性洗涤纤维的测定方法，并测定饲料细胞内容物、半纤维素、纤维素、木质素等的含量。

二、原理

植物性饲料样品经中性洗涤剂（3%十二烷基硫酸钠）煮沸处理，溶解于洗涤剂中的为细胞内容物，其中包括脂肪、蛋白质、淀粉和糖，总称为中性洗涤可溶物（NDS）。不溶解的残渣就是中性洗涤纤维（NDF），主要为细胞壁成分，其中包括半纤维素、纤维素、木质素和硅酸盐。

中性洗涤纤维经酸性洗涤剂（1%十六烷三甲基溴化铵）处理，溶于酸性洗涤剂的部分称为酸性洗涤可溶物（ADS），其中包括中性洗涤可溶物和半纤维素。剩余的残渣为酸性洗涤纤维（ADF），其中包括纤维素、木质素和少量矿物质。

酸性洗涤纤维经72%的硫酸处理，纤维素被溶解，剩余的残渣为木质素和硅酸盐，从酸性洗涤纤维中减去72%硫酸处理后的残渣为饲料的纤维素含量。

把72%硫酸处理后的残渣灰化，灰化过程中被燃烧的部分为酸性洗涤木质素。硫酸处理后的残渣减去燃烧后剩余的灰分就是酸性洗涤木质素的含量。

三、仪器和试剂

1. 仪器

(1) 分析天平：感量0.0001g。

(2) 过滤装置：抽真空装置、抽滤瓶等。

(3) 消煮冷凝回流装置（图4-4）。

(4) 玻璃坩埚：砂芯玻璃坩埚（1号），40～50mL。

(5) 高温炉：电加热，有高温计，可控制炉温在550±20℃。

(6) 干燥器。

2. 试剂

(1) 中性洗涤剂：3%十二烷基硫酸钠溶液，称取18.61g乙二胺四乙酸二钠（EDTA，$C_{10}H_{14}N_2O_8Na_2 \cdot 2H_2O$，化学纯）和6.81g硼酸钠（$Na_2B_4O_7 \cdot 10H_2O$，化学纯）放入烧杯中，加入少量蒸馏水，加热溶解后，再加入30g十二烷基硫酸钠（$C_{12}H_{25}NaSO_4$，化学纯）和10mL乙二醇乙醚（$C_4H_{10}O_2$，化学纯）；再称取4.56g无水磷酸氢二钠（Na_2HPO_4，化学纯）置于另一烧杯中，加入少量蒸馏水微微加热溶解后倒入前一烧杯中，在容量瓶中稀释至1000mL，其pH6.9～7.1，一般不用调整。

(2) 酸性洗涤剂（2%十六烷三甲基溴化铵）：将20g十六烷三甲基溴化铵（化学纯）溶于1000mL 1mol/L硫酸溶液中，搅拌溶解，必要时过滤。

(3) 1mol/L硫酸：取约27.87mL浓硫酸（化学纯，96%，比重1.84）慢慢加入已装有500mL蒸馏水的烧杯中（切记！应将硫酸徐徐加入水中，操作时应戴面罩和橡皮手套，以防硫酸溅出烧伤），冷却后注入1000mL容量瓶内定容。

(4) 无水亚硫酸钠（Na_2SO_3）：化学纯。

(5) 丙酮：化学纯。

(6) 十氢化萘（$C_{10}H_{18}$）：消泡剂。

四、测定步骤

1. 中性洗涤纤维的测定

称取试样 0.5~1.0g,置于消煮冷凝回流装置(图 4-4)的高脚烧杯中,加入 100mL 室温的中性洗涤液,然后加入 2mL 十氢化萘,最后加入 0.5g 亚硫酸钠。将高脚烧杯置于回流装置中,立即放在电炉上尽快煮沸(5~10min),减弱热源,保持微沸 60min。煮沸完毕后离火冷却 10min,将已知重量的玻璃坩埚安装在抽滤瓶上,将残渣全部移入,抽滤瓶用 2 倍于残渣的沸水冲洗并抽滤。用 20mL 丙酮冲洗 2 次,抽滤。待丙酮挥发后,取下玻璃坩埚,在 105℃烘箱中烘干 3h,烘干后放入干燥器中冷却 30min 称重,直至恒重。

2. 酸性洗涤纤维的测定

称取饲料样品 1g,置于高脚烧杯中,加入室温的酸性洗涤溶液 100mL,十氢化萘消泡剂数滴,将高脚烧杯置于回流装置中,立即放在电炉上尽快煮沸(5~10min),减弱热源,保持微沸 60min,趁热用已知重量的玻璃坩埚过滤,拔掉抽气管。用 90~100℃热水浸泡 15~30min,搅拌抽干,重复洗涤后,再用丙酮洗涤至滤液颜色不变为止。真空抽气滤除残存的丙酮,置于 100~105℃烘箱内干燥 3h 或过夜,烘干后置于干燥器中冷却,称重。

3. 木质素的测定

将酸性洗涤纤维加入 72%硫酸,在室温下消化 3h 后过滤,并冲洗至中性。消化过程中溶解部分为纤维素,不溶解的残渣为酸性洗涤木质素和酸不溶灰分,把残渣烘干并灼烧灰化后即可得出酸性洗涤木质素和酸不溶灰分的含量。

五、结果计算

1. 中性洗涤纤维含量计算

$$中性洗涤纤维(\%) = \frac{W_2 - W_1}{W} \times 100$$

式中,W_1——玻璃坩埚重,g;W_2——纤维残渣重+玻璃坩埚重,g;W——样品重,g。

2. 酸性洗涤纤维含量计算

$$酸性洗涤纤维重(\%) = \frac{W_2 - W_1}{W} \times 100$$

式中，W_1——玻璃坩埚重，g；W_2——纤维残渣重＋玻璃坩埚重，g；W——样品重，g。

3. 半纤维素含量的计算

$$半纤维素(\%) = NDF(\%) - ADF(\%)$$

4. 纤维素含量计算

$$纤维素 = ADF(\%) - 经72\%硫酸处理后的残渣重(\%)$$

5. 酸性洗涤木质素（ADL）含量的计算

$$ADL(\%) = 残渣(\%) - 灰分(硅酸盐,\%)$$

6. 酸不溶灰分（AIA）含量计算

$$AIA(\%) = 残渣(\%) - ADL(\%)$$

六、注意事项

洗涤坩埚时，每次倒入坩埚内 90~100℃ 的热水不能太满，水量约占坩埚体积的 2/3，用玻璃棒搅碎滤渣，浸泡 15~30s 后开始轻轻抽气过滤。

第五节 粗灰分的测定

一、适用范围

本方法适用于单一饲料、配合饲料和浓缩饲料。

二、原理

试样在 550℃ 灼烧后所得残渣，用质量百分率来表示。残渣中主要是矿物质的氧化物、盐类、沙石和土等，故称粗灰分。

三、主要的仪器设备

(1) 实验室用样品粉碎机。
(2) 分样筛：孔径为 0.45mm（40 目）。
(3) 分析天平：感量为 0.0001g。
(4) 高温炉：有高温计且可控制炉温在 550±20℃。
(5) 坩埚：瓷质，容积 50mL。
(6) 干燥器：变色硅胶作干燥剂。

四、测定步骤

1. 坩埚恒重

将干净的坩埚放入高温炉，550±20℃灼烧 30min，取出，在空气中冷却约 1min 后放入干燥器，冷却 30min 后称重。再灼烧 30min，冷却称量，直至前后两次的质量之差小于 0.0005g 为恒重。

2. 样品炭化和灰化

用已恒重的坩埚称取 4~5g 试样，在高温炉中 250℃炭化至无烟时调至 550±20℃，灼烧 3h，在空气中冷却约 1min 后放入干燥器，冷却 30min 后称重，再灼烧 1h，冷却后称量，直至前后两次的质量差小于 0.0005g 为恒重。

五、计算

$$粗灰分 = \frac{m_3 - m_1}{m_2} \times 100\%$$

式中，m_1——已恒重空坩埚的质量，g；m_2——试样的质量，g；m_3——灰化后坩埚+灰分的质量，g。

六、重复性

粗灰分含量在 5%以上时，允许相对偏差为 1%；粗灰分含量在 5%以下时，允许相对偏差为 5%。

七、注意事项

（1）坩埚盖微开，炭化温度应该控制在 250℃，以免样品冲出。温度应逐渐上升，防止火力过大而使部分样品颗粒被逸出的气体带走，或引起硅酸盐熔融，包在炭粒表面，使之与氧隔绝，难以完全灰化。

（2）灼烧温度不易超过 600℃，否则 K、Na、S、P、Zn 等元素会挥发。

（3）有黑色炭粒时，为灰化不完全，应延长灼烧时间或滴加 1~2mL 蒸馏水或 3%双氧水，烘干后再灼烧 1h。

（4）称量坩埚时必须戴手套。

（5）残渣的颜色与试样中矿物质的含量有关，含铁高时为红棕色，含锰高时为淡蓝色，但一般为灰白色。

（6）坩埚钳需预热。

（7）给坩埚编号，将坩埚洗干净后，用毛笔蘸 5g/L 氯化铁墨水溶液编号，然后在高温炉中 550℃灼烧 30min 即可。

第六节 无氮浸出物的计算

饲料中无氮浸出物（NFE）主要指的是淀粉、葡萄糖、果糖、蔗糖、糊精、五碳糖胶、有机酸和不属于纤维素的其他碳水化合物，如半纤维素及一部分木质素。不同饲料无氮浸出物相差悬殊。

概略分析方案中，无氮浸出物（NFE）是根据相差计算法而求得，即在 1 中减去水分、粗蛋白质、粗脂肪、粗纤维、粗灰分等的百分含量所得之差即为无氮浸出物的质量分数。即：无氮浸出物（NFE,%）＝1－（水分＋粗灰分＋粗蛋白质＋粗脂肪＋粗纤维）%。

第七节 钙的测定

一、适用范围

本方法适用于配合饲料、单一饲料和浓缩饲料。

二、原理

将试样中的有机物质破坏，钙转变为游离的钙离子，用草酸铵沉淀钙离子，再加入硫酸使草酸游离出来，用高锰酸钾间接测定钙的含量。

$$CaCl_2 + (NH_4)_2C_2O_4 \longrightarrow CaC_2O_4 + 2NH_4Cl$$

$$CaC_2O_4 + H_2SO_4 \longrightarrow CaSO_4 + H_2C_2O_4$$

$$2KMnO_4 + 5H_2C_2O_4 + 3H_2SO_4 \longrightarrow 10CO_2 + 2MnSO_4 + 8H_2O + K_2SO_4$$

三、主要的仪器设备

(1) 实验室用样品粉碎机或研钵。

(2) 分样筛：孔径为 0.45mm（40 目）。

(3) 分析天平：感量为 0.0001g。

(4) 高温炉：可控温度在 550±20℃。

(5) 水浴锅。

(6) 酸式滴定管：25mL 或 50mL。

(7) 玻璃漏斗：直径 6cm。

(8) 定量滤纸：中速，7～9cm。

(9) 移液管：10mL 或 20mL。

(10) 烧杯：500mL。

(11) 凯氏烧瓶：250mL 或 500mL。

(12) 瓷质坩埚。
(13) 容量瓶：100mL。

四、试剂

(1) 盐酸：$1+3(V_1+V_2)$。
(2) 硫酸：$1+3(V_1+V_2)$。
(3) 氨水：$1+1(V_1+V_2)$。
(4) 草酸铵溶液：42g/L。
(5) 甲基红指示剂：0.1g 溶于 100mL 95％乙醇。
(6) 高锰酸钾标准溶液（0.05mol/L）。

A. 配制：称取高锰酸钾（GB 643）约 1.6g，溶于 1000mL 蒸馏水中煮沸 10min，冷却且静置 1～2 天，用玻璃滤器过滤，保存于棕色瓶中。

B. 标定：称取草酸钠（GB 1289 基准物，105℃干燥 2h，在干燥器中冷却）0.1g，准确至 0.0002g，溶于 50mL 水中，加 1+3 硫酸溶液 10mL，加热至 75～85℃，用配置好的高锰酸钾滴定，溶液呈粉红色且 1min 不褪色为终点。滴定结束时，溶液温度在 60℃以上，同时做空白试验。

C. 计算：高锰酸钾标准溶液浓度按下式计算：

$$c\left(\frac{1}{5}\text{KMnO}_4\right)=\frac{m}{(V_1-V_2)\times 0.06700}$$

式中，$c\left(\frac{1}{5}\text{KMnO}_4\right)$——高锰酸钾标准溶液之物质的量浓度，mol/L；$m$——草酸钠之质量，g；$V_1$——高锰酸钾之用量，mL；$V_2$——空白试验高锰酸钾溶液之用量，mL；0.06700——与 1.00mL 高锰酸钾标准溶液 $\left[c\left(\frac{1}{5}\text{KMnO}_4\right)=1.000\text{mol/L}\right]$ 相当的以克表示的草酸钠质量。

五、测定步骤

1. 试样的分解

(1) 干法消化：灰化同粗灰分的测定。在盛灰坩埚中加入 1+3 盐酸 10mL 和数滴浓硝酸，小心煮沸，过滤定容到 100mL 容量瓶，为母液。

(2) 湿法消化：将 2～5g 试样加入凯氏烧瓶，加入硝酸 20mL，加热煮沸，待二氧化氮黄烟逸尽，冷却后加入 10mL 70％～72％高氯酸，小心煮沸至溶液无色，不得蒸干。冷却后转入 100mL 容量瓶，用蒸馏水稀释至刻度，为母液。

2. 钙的沉淀

取母液 10～20mL 于烧杯中，加蒸馏水 100mL，甲基红指示剂 2 滴，呈红色,滴加 (1+1) 氨水至溶液呈黄色,再加冰乙酸溶液至红色。煮沸后加入热的草酸铵溶液 10mL,如果溶液又呈黄色,补加冰乙酸至红色。煮沸几分钟后,80℃水浴加热 2h(或放置过夜陈化)。

3. 沉淀洗涤

中速定量滤纸过滤,用 (1+50) 的氨水洗涤沉淀 6~8 次,然后用蒸馏水洗涤至无草酸根离子[滤液数毫升加 (1+3) 硫酸溶液数滴,加热至 80℃,加入 1 滴高锰酸钾溶液,呈微红色,且半分钟不褪色]。

4. 沉淀溶解与滴定

将沉淀和滤纸转入原烧杯,加 (1+3) 硫酸 10mL,蒸馏水 50mL,加热至 75~85℃,用标准高锰酸钾溶液滴定,溶液呈微红色且半分钟不褪色为终点。

六、计算

$$Ca(\%) = \frac{c \times (V_2 - V_0) \times 200}{m \times V_1}$$

式中,V_2——试样标准高锰酸钾的用量,mL;V_0——空白标准高锰酸钾的用量,mL;V_1——移取试样分解液的体积,mL;c——标准高锰酸钾的浓度,mol/L;m——试样的质量,g。

七、注意事项

(1) 沉淀过程中要注意 pH。
(2) 洗涤一定要洗干净。
(3) 高锰酸钾浓度不稳定,至少每月标定一次。

八、重复性

钙含量在 5% 以上,允许相对偏差为 3%;钙含量在 1%~5% 时,允许相对偏差为 5%;钙含量在 1% 以下,允许相对偏差为 10%。

附 乙二胺四乙酸二钠络合滴定快速测定钙

一、原理

将试样中有机物破坏,使钙溶解制备成溶液,用三乙醇胺、乙二胺、盐酸羟胺和淀粉溶液消除干扰离子的影响,在碱性溶液中以钙黄绿素为指示剂,用

EDTA 标准溶液络合滴定钙，可快速测定钙的含量。

二、试剂

所用试剂除特殊要求外，均为分析纯，水为蒸馏水或同纯度水。

1. 盐酸羟胺：分析纯。
2. 盐酸：(1+3) (V_1+V_2)，1 体积的分析纯盐酸加入 3 体积的蒸馏水。
3. 氢氧化钾溶液：200g/L。
4. 三乙醇胺水溶液：(1+1) (V_1+V_2)，1 体积的三乙醇胺加入 1 体积的蒸馏水。
5. 乙二胺水溶液：(1+1) (V_1+V_2)，1 体积的乙二胺加入 1 体积的蒸馏水。
6. 淀粉溶液：10g/L。称取 1g 可溶性淀粉入 200mL 烧杯中，加 5mL 水润湿。加 95mL 沸水搅匀，煮沸，冷却备用（现配现用）。
7. 孔雀石绿水溶液：1g/L。
8. 钙黄绿素甲基百里香酚蓝指示剂：0.1g 钙黄绿素与 0.13g 甲基百里香酚蓝、5g 氯化钾研细混匀，贮存于磨口瓶中备用。
9. 钙标准溶液：0.0010g/mL。称取 2.497g 于 105～110℃ 干燥至恒重的基准碳酸钙，溶于 40mL 盐酸中，加热赶除二氧化碳，冷却，用水转移至 1000mL 容量瓶中，稀释至刻度。
10. 乙二胺四乙酸二钠标准溶液

（1）配制：称取 3.8g EDTA 放入 200mL 烧杯中，加 200mL 水，加热溶解冷却后定容至 1000mL 容量瓶中。

（2）EDTA 标准溶液的标定：吸取钙标准溶液 10.0mL，按试样测定法进行滴定。EDTA 滴定溶液对钙的滴定度按下式计算：

$$T = \frac{c \times V}{V_0}$$

式中，T——EDTA 标准滴定溶液对钙的滴定度，g/mL；c——钙标准溶液的浓度，g/mL；V——所取钙标准溶液的体积，mL；V_0——EDTA 标准滴定溶液的用量，mL。

三、测定步骤

准确移取试样分解液 5～25mL（含钙量 2～25mg）。加水 50mL、淀粉溶液 10mL、三乙醇胺 2mL、乙二胺 1mL、1 滴孔雀石绿，滴加氢氧化钾溶液至无色，再加 10mL 氢氧化钾溶液 200g/L，加 0.1g 盐酸羟胺（每加一种试剂都须摇匀），加钙黄绿素少许，在黑色背景下立即用 EDTA 标准溶液滴定至绿色荧光消失、呈现紫红色为滴定终点。

四、计算

$$\mathrm{Ca}(\%) = \frac{T \times V_2}{m \times \dfrac{V_1}{V_2}} \times 100 = \frac{T \times V_2 \times V_0}{m \times V_1} \times 100$$

式中，T——EDTA 标准滴定溶液对钙的滴定度，g/mL；V_0——试样分解液的总体积，mL；V_1——分取试样分解液的体积，mL；V_2——实际消耗 EDTA 标准滴定溶液的体积，mL；m——试样的质量，g。

五、重复性

同高锰酸钾法。

第八节　总磷的测定——分光光度法

一、适用范围

本方法适用于配合饲料、浓缩饲料、预混合饲料和单一饲料。

二、原理

将饲料中的有机物破坏，使磷游离出来，在酸性溶液中，磷与钼酸铵和偏矾酸铵生成黄色的复合物 $[(NH_4)_3PO_4NH_4VO_3 \cdot 16MoO_3]$，在 420nm 波长下进行比色测定。

三、主要的仪器设备

(1) 实验室用样品粉碎机。
(2) 分样筛：孔径为 0.45mm（40 目）。
(3) 分析天平：感量为 0.0001g。
(4) 分光光度计：10mm 比色皿。
(5) 高温炉：可控温度在 550±20℃。
(6) 瓷坩埚：50mL。
(7) 容量瓶：50mL、100mL、1000mL。
(8) 刻度移液管：1.0mL、2.0mL、3.0mL、5.0mL、10mL。
(9) 凯氏烧瓶：125mL、250mL。
(10) 可调温电炉：1000W。

四、主要的试剂

所用试剂，除特殊说明外，均为分析纯。实验室用水为蒸馏水。

(1) 盐酸:(1+1) 水溶液。
(2) 硝酸、分析纯。
(3) 高氯酸、分析纯。
(4) 钒钼酸铵显色剂:偏钒酸铵 1.25g,加硝酸 250mL;另取钼酸铵 25g,加蒸馏水 400mL 使之溶解,冷却后将前溶液倒入后溶液,定容至 1000mL。避光保存,如生成沉淀则不能使用。
(5) 磷标准溶液:将磷酸二氢钾在 105℃干燥 1h,在干燥器中冷却后,称取 0.2195g,溶解于蒸馏水中,转入 1000mL 容量瓶中,加硝酸 3mL,其定容后为 50μg/mL 的磷标准溶液。

五、测定步骤

1. 试样的分解

(1) 干法硝化:灰化同粗灰分的测定。在盛灰坩埚中加入(1+3)盐酸 10mL 和数滴浓硝酸,小心煮沸,过滤定容到 100mL,作为母液。

(2) 湿法硝化:将 2~5g 试样加入凯氏烧瓶,加入硝酸 20mL,加热煮沸,待二氧化氮黄烟逸尽,冷却后加入 10mL 70%~72%高氯酸,小心煮沸至溶液无色。冷却后转移到 100mL 的容量瓶,定容。

2. 标准曲线的制作

移取 0.1mg/mL 的磷标准溶液 0mL、2.0mL、4.0mL、6.0mL、8.0mL、10.0mL 到 50mL 容量瓶中,各加入钒钼酸铵显色剂 10mL,用水稀释至刻度,摇匀,15~20min 后以 0mL 溶液为参比,用 10mm 比色皿,在 420nm 波长下,用分光光度计测定各溶液的吸光度。以磷含量为横坐标,吸光度为纵坐标绘制标准曲线。

3. 试样的测定

移取试样分解液 1~2mL 到 50mL 容量瓶中,加显色剂 10mL,定容,15~20min 后比色。

六、计算

$$总磷(\%) = \frac{X \times \frac{V_2}{V_1} \times 10^{-3}}{m}$$

式中,m——试样的质量,g;V_1——移取试样分解液的体积,mL;V_2——试样分解液的体积，mL；X——由标准曲线计算出的含磷量，mg。

七、重复性

每个试样称取两个平行样进行测定，以其算术平均值为测定结果。含磷量在 0.5% 以上，允许相对偏差为 3%；含钙量在 0.5% 以下，允许相对偏差为 10%。

附　饲料级磷酸氢钙中磷的测定

一、原理

在酸性介质中，试验溶液中的磷酸根全部与加入的喹钼柠酮形成磷相酸喹啉沉淀、过滤、干燥、称量，计算出磷含量。

二、试剂和材料

(1) 盐酸溶液：(1+1) 水溶液

(2) 硝酸溶液：(1+1) 水溶液

(3) 喹钼柠酮溶液的制备：①称取 70g 钼酸钠溶解于 150mL 水中。②称取 60g 柠檬酸溶解于 150mL 蒸馏水和 85mL(1+1) 硝酸中。③在搅拌下将溶液①倒入溶液②中。④在 100mL 水中加入 35mL 硝酸和 5mL 喹啉。⑤将溶液④倒入溶液③中，放置 24h 后，用坩埚式过滤器过滤，再加入 280mL 丙酮，用水稀释至 1000mL，混匀。贮存于聚乙烯瓶中备用。

三、仪器、设备

(1) 玻璃砂坩埚：孔径为 5~15μm。

(2) 电烘箱：温度能控制在 180±5℃。

四、测定步骤

1. 试验溶液 A 的制备

称取约 1g 试样（精确至 0.0002g），置于 250mL 容量瓶中，加 10mL 盐酸溶液，用水稀释至刻度，摇匀。此溶液为试验溶液 A，用于磷和钙含量的测定。

2. 空白溶液的制备

除不加试样外，其他加入的试剂量与试验溶液的制备完全相同，并与试样同时进行同样的处理。

3. 测定

用移液管移取 20mL 试验溶液 A 和空白溶液分别置于 250mL 烧杯中，加入

10mL 硝酸溶液，加水至总体积约 100mL，加热煮沸 5min 后，加入 50mL 喹钼柠酮溶液，盖上表面皿，保温 30s（在加入试剂和加热过程中，不得使用明火，不得搅拌，以免凝结成块）冷却。在冷却过程中搅拌 3~4 次，用预先在 180±5℃下烘干至恒重的玻璃砂坩埚抽滤。先将上层清液过滤，用倾泻法洗涤沉淀 6 次，每次用水约 30mL，最后将沉淀移入玻璃砂坩埚中过滤，再用水洗涤沉淀 3 次，将玻璃砂坩埚连同沉淀置于电烘箱中从温度稳定时计时，在 180±5℃下干燥 45min，取出稍冷后，置于干燥器中冷却至室温，称量。

五、计算

以质量百分数表示的磷（P）含量按下式计算：

$$磷含量(\%) = \frac{(m_1 - m_2) \times 0.01400}{m \times \frac{20}{250}} \times 100\% = \frac{17.5(m_1 - m_2)}{m}$$

六、允许误差

取平行测定结果的算术平均值为测定结果。平行测定结果的绝对差值不大于 0.1%。

第九节　水溶性氯化物的测定

一、适用范围

本方法适用于各种配合饲料、浓缩饲料和单一饲料。

二、方法原理

在酸性条件下，加入过量硝酸银溶液使样品溶液中的氯化物形成氯化银沉淀，除去沉淀后，用硫氰酸铵回滴过量的硝酸银，根据消耗的硫氰酸铵的量，计算出其氯化物的含量。

三、试剂

使用试剂除特殊规定外均为分析纯。

1. 硝酸：分析纯。
2. 硫酸铁：60g/L。称取硫酸铁 $[Fe_2(SO_4)_3 \cdot xH_2O]$ 60g 加水微热溶解后，定容至 1000mL。
3. 硫酸铁指示剂：250g/L 的硫酸铁水溶液，过滤除去不溶物，与等体积的浓硝酸混合均匀。
4. 氨水：(1+19) 水溶液。

5. 硫氰酸铵 $[c(NH_4CNS)=0.02mol/L]$：称取硫氰酸铵 1.52g 溶于 1000mL 水中。

6. 氯化钠标准贮备溶液

纯度 99.99% 以上氯化钠于 500℃ 灼烧 1h，干燥器中冷却保存，称取 5.8454g 溶解于水中，转入 1000mL 容量瓶中，用水稀释至刻度，摇匀。此氯化钠标准贮备液的浓度为 0.1000mol/L。

7. 氯化钠标准工作液：吸取氯化钠标准贮备溶液 20mL 于 100mL 容量瓶中，用水稀释至刻度，摇匀。此氯化钠标准溶液的浓度为 0.0200mol/L。

8. 硝酸银标准溶液 $[c(AgNO_3)=0.02mol/L]$：称取 3.4g 硝酸银溶于 1000mL 水中，贮于棕色瓶内。

（1）体积比：吸取硝酸银溶液 20mL，加硝酸 4mL，硫酸铵指示剂 2mL，在剧烈摇动下用硫氰酸铵溶液滴定，滴至终点为持久的淡红色，由此计算两溶液的体积比 F，见下式：

$$F = \frac{20}{V_2}$$

式中，F——硝酸银与硫氰酸铵溶液的体积比；20——硝酸银溶液的体积，mL；V_2——硫氰酸铵溶液体积，mL。

（2）标定：移取氯化钠标准溶液 10mL 于 100mL 容量瓶中，加硝酸 4mL，硝酸银标准溶液 25mL，振荡使沉淀凝结，用水稀释至刻度，摇匀，静置 5min，干过滤入干锥形瓶中，吸取滤液 50mL，加硫酸铁指示剂 2mL，用硫氰酸铵溶液滴定出现淡红棕色，且 30s 不褪色即为终点。

硝酸银标准溶液浓度计算见下式：

$$c(AgNO_3) = \frac{m \times (20/1000)(10/100)}{0.05845 \times (V_1 - F \times V_2 \times 100/50)}$$

式中，$c(AgNO_3)$——硝酸银标准溶液摩尔浓度，mol/L；m——氯化钠质量，g；V_1——硝酸银标准溶液体积，mL；V_2——硫氰酸铵溶液体积，mL；F——硝酸银与硫氰酸铵溶液的体积比；0.05845——与 1.00mL 硝酸银标准溶液 $[c(AgNO_3)=1.0000mol/L]$ 相当的以克表示的氯化钠质量。

四、仪器设备

（1）实验室用样品粉碎机或研钵。

（2）分样筛：孔径为 0.45mm（40 目）。

（3）分析天平：感量为 0.0001g。

（4）刻度移液管：10mL、20mL。

（5）移液管：50mL、25mL。

(6) 酸式滴定管：25mL。

(7) 容量瓶：100mL、1000mL。

(8) 烧杯：250mL。

(9) 滤纸：快速，直径为15.0cm；慢速，直径为12.5cm。

五、测定步骤

1. 氯化物的提取

称取样品适量（氯含量在0.8%以内，称取样品5g左右；氯含量在0.8%~1.6%，称取样品3g左右；氯含量在1.6%以上，称取样品1g左右），准确至0.0002g，加入60g/L硫酸铁溶液50mL、(1+19)氨水溶液100mL，搅拌数分钟，放置10min，用干的快速滤纸过滤。

2. 测定

吸取滤液50mL于100mL容量瓶中，加浓硝酸10mL，硝酸银标准溶液25mL，用力振荡使沉淀凝结，用水稀释至刻度，摇匀。静置5min，过滤入150mL干净的锥形瓶中或静置（过夜）沉化，吸取滤液（澄清液）50mL，加硫酸铁指示剂10mL，用0.02mol/L硫氰酸铵溶液滴定，出现淡橘红色，且30s不褪色即为终点。

六、测定结果的计算

氯化物含量用氯元素的百分含量来表示，见下式：

$$Cl(\%) = \frac{(V_1 - V_2) \times F \times 100/50 \times c \times 150 \times 0.0355}{m \times 50} \times 100$$

式中，m——样品质量，g；V_1——硝酸银溶液体积，mL；V_2——滴定消耗的硫氰酸铵溶液体积，mL；F——硝酸银与硫氰酸铵溶液体积比；c——硝酸银的摩尔浓度，mol/L；0.0355——与1.00mL硝酸银标准溶液[c(AgNO$_3$)=1.0000mol/L]相当的以克表示的氯元素的质量。

七、允许误差

每个样品应取两份平行样进行测定，以其算术平均值为分析结果。氯含量在3%以下（含3%），允许绝对差0.05；氯含量在3%以上，允许相对偏差3%。

附　水溶性氯化物快速测定方法

一、原理

用硝酸银滴定Cl$^-$时，形成溶解性较低的AgCl沉淀，当Cl$^-$与Ag$^+$完全结合后，Ag^+ 与铬酸根形成砖红色的铬酸银沉淀。

二、步骤

(1) 称取 5g(m) 样品，加入蒸馏水 200mL，搅拌 15min，放置 15min。
(2) 移取上清液 20mL，加蒸馏水 50mL，加 5%铬酸钾指示剂 1mL。
(3) 用标准硝酸银溶液滴定，呈现砖红色，且 1min 不褪色为终点。

三、计算

$$Cl(\%) = \frac{(V - V_0) \times c \times 200 \times 0.0355}{m \times 20} \times 100$$

式中，m—样品质量，g；V—样品滴定消耗硝酸银溶液的体积，mL；V_0—空白消耗硝酸银溶液的体积，mL；c—硝酸银的摩尔浓度，mol/L。

四、允许误差

每个样品应取两份平行样进行测定，以其算数平均值为分析结果。氯含量在 3%以下（含 3%），允许绝对差 0.05；氯含量在 3%以上，允许相对偏差 3%。

第十节 饲料燃烧热的测定

饲料的燃烧热即饲料所含的总能（E_G），是饲料在燃烧过程中，完全氧化成最终产物（二氧化碳、水及其他气体）所释放的热量。测定饲料或粪、尿、动物产品的燃烧热是研究动物能量代谢的基本方法，而能量是评定饲料总的营养价值的主要指标之一。因而，饲料燃烧热的测定，对正确的评定饲料能量价值具有重要的意义。

一、实验目的

明确燃烧热的定义；掌握氧弹式量热计的原理、构造及其使用方法；学会用氧弹式量热计测定饲料或粪、尿、动物产品的燃烧热。

二、实验原理

根据热力学第一定律，一个热化学反应，只要其开始与终末状态一定，则反应的热效应就一定。有机物差不多均能氧化完全，并且反应进行很快，使准确地测定燃烧热就有了可能。由所测得的燃烧热还可以计算反应的热效应和化合物的生成热。

将消化代谢试验所用的饲料或日粮以及所收集的粪、尿样品，制备成一定质量的测定试样，装于充有 $25 \pm 5 kg/cm^2$ 纯氧氧弹中进行燃烧。燃烧所产生之热量为氧弹周围已知质量的蒸馏水及热量计整个体系所吸收,并由贝克曼温度计读出水温上升的度数。该上升的温度乘以热量计体系和水的热容量之和,即可得出试样的燃烧热。

三、仪器设备及试剂

1. 仪器设备

(1) 非绝热式氧弹式热量计（GR-3500 型）：GR-3500 型氧弹式热量计结构示意图如图 4-6 和图 4-7 所示。氧弹结构示意图如图 4-8 和图 4-9 所示。

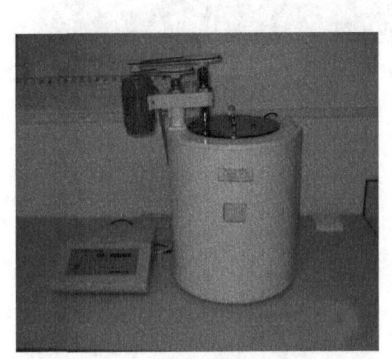

图 4-6　GR-3500 型氧弹式热量计图片

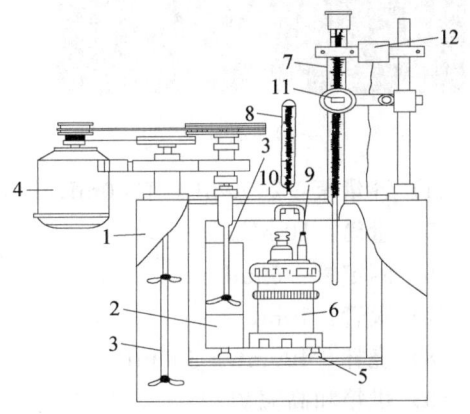

图 4-7　GR-3500 型氧弹式热量计结构示意图

1. 外筒；2. 内筒；3. 搅拌器；4. 强拌马达；5. 绝热支柱；6. 氧弹；7. 贝克曼温度计；8. 工业用被套温度计；9. 电极；10. 盖子；11. 放大镜；12. 电动振动装置

图 4-8　氧弹图片

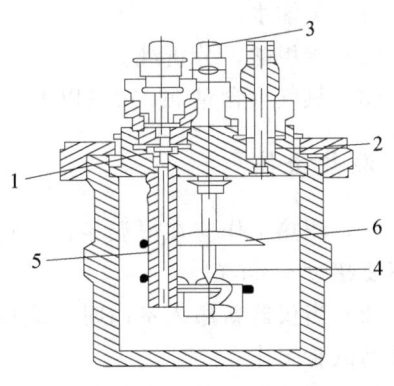

图 4-9　氧弹纵剖面图

1. 充氧阀门；2. 放氧阀门；3. 电极；4. 坩埚架；5. 充气管；6. 燃烧挡板

(2) 压片机（图 4-10）。

(3) 氧气钢瓶（附氧气减压表）（图 4-11）及支架。

图 4-10　压片机

图 4-11　氧气钢瓶

(4) 容量瓶：2000mL，1000mL，200mL。

(5) 量筒：10mL。

(6) 滴定管：50mL。

(7) 吸管：10mL。

(8) 烧杯：400mL，500mL。

(9) 烘箱和高温炉。

(10) 天平（感量为 0.0001g）和干燥器。

(11) 毛巾、毛刷、稠布、扳手等。

2. 试剂

(1) 蒸馏水。

(2) 苯甲酸，分析纯。

(3) 氧气（含量 99.70% 以上）。

四、测热条件

(1) 测热工作应在恒温条件下进行，否则所得结果将引入误差。要求室温变动不要超过±0.5℃。

(2) 当仪器新搬入室内时，应放置适当时间，待仪器温度与室温平衡时，方可开始试验工作。

(3) 测热室应保持干燥、整洁、严禁明火。

(4) 氧气中不能含有氢气等可燃气体，给氧弹充氧时氧气压力不应超过 3.03MPa。

五、样品测热操作步骤

1. 准备工作

（1）测定前应擦净氧弹式量热计各部污物及油渍，以防试验时发生危险，氧气钢瓶应置于阴凉安全处。

（2）样品的称量及压块。称取 1g 左右风干饲料样品（经粉碎过 40 目筛），用压片机压成饼状，然后置于干燥洁净的坩埚中称重（准确至 0.0001g）。

样品的多少依测定时温度上升不高于 3～4℃ 为准，最好以 1℃ 左右为宜。

（3）引火丝的准备。称取 10cm 的引火丝，将盛有样品的坩埚置于弹头的坩埚支架上，将引火丝固定在两个电极之上，其中一端应距样品表面 1～2mm。引火丝切勿接触坩埚。

（4）加水及充氧。在弹头与弹体装配前，取 5～10mL 蒸馏水注入氧弹底部，以吸收燃烧过程中产生的气体。加入的水量不要求很精确，但应与测定热量计水量相一致。

然后将弹头与弹体扭紧，打开进气阀的螺母，连接上氧气瓶的气管接头，充氧之前应先打开针形阀。先充氧约 0.505MPa，使氧弹中空气排尽。然后，用扳手拧紧排气阀，充氧压力应逐渐增至 2.5MPa。但充氧不可过快，否则会使坩埚中的试样为气流所冲散而损失。充气完毕后，拧开氧气管接头。

（5）内外水筒的准备及热量计的安装。从外筒的注蒸馏水口加水至离上缘 1.5cm 处止。外筒灌水后可用搅拌器搅拌（外筒水不需经常更换），待水温与室温一致时，才能使用。如果热量计长期不用，应将外筒中的水全部放出，干燥保存。

热量计内筒的蒸馏水应盖过氧弹进气阀螺母 2/3 高度。国产 GR-3500 型热量计的加水量为 3000g，每次称量应相等，准确至 0.1～0.5g。为减少辐射，测定前应调节内筒水温使其低于外筒水温，GR-3500 型以 0.5～0.7℃ 为宜，其他型号在 1～1.5℃ 之间（试样发热量少时，可相差 0.5℃）。内筒灌水应在内筒放入外筒，并将氧弹放入内筒后才可进行。灌注时注意勿使水溅出，以免影响数值的准确性。

氧弹在内筒中应固定在底座上，勿使搅拌器的叶片与内筒或氧弹接触，然后将贝克曼温度计固定于支架上，使其水银球中心位于氧弹一半高度的位置，最后盖上盖子。

2. 测定工作

全部测定工作分为 3 期：燃烧前期（初期）、燃烧期（主期）和燃烧后期

(末期)。

(1) 燃烧前期（初期）：是燃烧之前的阶段，是热量计与外界进行热交换的平衡期。此期的工作是首先打开电源，开动搅拌器搅拌 3~5min 后，开始记录温度，每分钟 1 次。当每分钟温度上升几乎恒定时，可定为初期的起点。然后，每隔 1min 读记 1 次温度，如此连续 5~10min。读温度应精确至 0.001℃。

(2) 燃烧期（主期）：按点火按扭，点火后样品开始燃烧，水温上升。燃烧期（主期）内每 0.5min 记录 1 次温度，直至温度不再上升为止，燃烧即行结束。使用的点火电压约为 24V，由于点火而进入热量计体系的电热通常可忽略。但通电流的时间每次都应相同，不应超过 2s。如果通电时间过久，则因点火而产生的热会影响测定结果的精确度。

(3) 燃烧后期（末期）：燃烧期结束即为燃烧后期（末期）的开始。其目的是测定热由内筒传向外筒的速度，亦须每分钟读记温度 1 次，至每分钟温度变化不大时为止，需 5~10min。燃烧后期的终点，即为全部试验期的结束。

3. 结束工作

(1) 测定温度后，停止搅拌器。首先取下温度计，然后从内筒取出搅拌器及氧弹，静置 30min，使能溶解的气体完全溶解。然后将排气口打开，使氧弹中剩的氧气和二氧化碳在 5~10min 徐徐排出。

(2) 拧开螺帽，取出弹头，如氧弹内有黑烟或未燃尽的试样，则这个试验应作废。如果燃烧成功，则小心取出烧剩余的引火丝，精确测量其质量。

(3) 用热蒸馏水仔细冲洗氧弹内壁、坩埚、进气阀、导气管等各部分，冲洗后液体及燃烧后的灰分移入洁净的烧杯中，供测定酸与硫的含量，以校正酸的生成热。在一般情况下，由于酸的生成热很小，约为 4J，因此常忽略不计。

(4) 氧弹、内筒、搅拌器在使用后应用纱布擦干净。各塞门应保持开放状态，并用热风将其接触部分吹干，防止塞门生锈而不能密闭而漏气。

4. 结果计算

饲料样品的燃烧值或总能 E 用下式计算：

$$E = [K(T - T_0) - gb]/m$$

式中，E——饲料样品的总能，MJ/g；m——试样质量，g；K——热量计的热容，MJ/℃；g——引火丝质量，g；b——引火丝热值；T——末期最终温度，℃；T_0——初期最终温度，℃。

每试样取两个平行样测定，取平均值，允许相对偏差≤5%。

六、水当量的测定

1. 原理

水当量是热量计整个体系的热容量。为了在计算上方便,仪器的热容量(包括氧弹、搅拌器、内筒、温度计以及辐射损失部分等),用相当于水的质量(g)来表示,即使仪器体系温度上升1℃所需的热量,能使多少克水温上升1℃。

2. 测定方法及步骤

热量计的水当量测定方法与步骤与测定饲料燃烧热的相同,只是用一定质量的已知热价的纯有机化合物来代替饲料试样,如苯甲酸、水杨酸等,其中苯甲酸为最常用。苯甲酸应先研细,放置在盛有浓硫酸的干燥器中备用。也可放在121~126℃的烘箱中干燥1h,再放在干燥器中冷却备用。如果表面出现针状结晶,应用小刷刷掉,以防燃烧不完全。

3. 热量计的热容 K 按下式计算

$$K = \frac{Qa - gb}{T - T_0}$$

式中,K——热量计的热容,MJ/℃;Q——苯甲酸标准热值 26.46,MJ/g;a——苯甲酸质量;g——引火丝质量,g;b——引火丝热值;T——末期最终温度,℃;T_0——初期最终温度,℃。

热量计的热容量应至少测定 5 次,如各次测定值不超过其平均值的±0.1%时,则平均值为该条件下仪器的热容量(以水当量计)。测定试样的条件应与测定热容量的条件相同。每当操作条件有变化时,应重新测定。热容量值为正数,保留小数点后两位。

七、注意事项

(1) 不得将粉碎试样直接加入坩埚中,防止充氧时将样品吹出坩埚。

(2) 含脂肪高的饲料(如含脂肪6%以上),则不可用压片机,以免脂肪损失,可用已知热值的滤纸将试样包好,置于坩埚中,最后扣除滤纸的热值。

(3) 每次使用钢瓶时,应在教师指导下进行。

(4) 接通总电源前,应检查控制器的点火开关。点火开关应处于断开状态,以免通电即点火。

(5) 坩埚每次使用后,应清洗干净并烘干。

(6) 试样燃烧热的测定和水当量的测定,应尽可能在相同条件下进行。

小　结

　　饲料常规成分是进行饲料原料和产品质量控制的最基本的指标，对饲料进行化学分析是饲料鉴定的基石，是日粮配方、饲料购买和饲料加工的重要依据，也是必须掌握的实验分析技术。本章主要介绍了饲料中常规成分分析的主要内容，包括饲料中水分、粗蛋白、粗脂肪、粗纤维、粗灰分、钙、磷、水溶性氯化物和总能的测定方法和无氮浸出物的计算方法。同时为顺应饲料工业的快速发展，介绍了一些最新的检测方法和技术。

思　考　题

1. 为什么要进行饲料初水分的测定？主要针对哪些饲料？
2. 某种新鲜青草，在制样时测得初水含量为 75%；风干试样中吸附水含量为 12%。试求其总水分的含量。
3. 简述饲料粗蛋白质测定的主要步骤。
4. 1kg 饲料中含有 30g 粗蛋白质，则 1kg 饲料中含有多少克氮？
5. 盛有粗脂肪的抽提瓶在 105±2℃ 烘箱内的时间可否更长些？为什么？
6. 脂肪包的长度为何不能超过虹吸管？
7. 盛有乙醚的抽提瓶置于水浴锅上，温度可否高于 100℃？为什么？
8. 饲料中粗纤维是在什么公认的条件下进行测定的？如果这些条件改变，则所得结果可否作为粗纤维含量，试说明原因。
9. 简述饲料粗灰分的测定原理及注意事项。
10. 简述氧弹式测热计测定燃烧热的基本原理。
11. 什么是热量计的水当量？如何测定及注意事项？
12. 简述测定燃烧热的主要步骤。

第五章 常用饲料原料掺假鉴别

第一节 常用能量饲料掺假鉴别

一、谷物加工副产品掺假鉴别

(一) 小麦麸

小麦麸是小麦加工分离出来的粗外皮,颜色依小麦品种、等级和品质为淡褐色至红褐色,形状为粗细不等的碎屑状,具有特有的香甜味。

1. 小麦麸的质量指标

中华人民共和国农业行业标准《饲料用小麦麸》中规定以粗蛋白质、粗纤维、粗灰分为质量控制指标,按含量分为三级,三项质量指标必须全部符合相应等级的规定,低于三级者为等外品(表5-1)。

表 5-1 小麦麸的质量指标 (NY/T 119-1989)

质量指标/%	一级	二级	三级
粗蛋白质	≥15.0	≥13.0	≤11.0
粗纤维	<9.0	<10.0	<11.0
粗灰分	<6.0	<6.0	<6.0

注:各项指标均以87%干物质为基础计算

色泽一致,无发酵、无霉变及无异味异臭,粗纤维含量为小麦麸的控制关键点,水分超过14%时在高温高湿环境下易变质。粗纤维含量增加,意味着小麦麸中残存的淀粉量减少,种皮的含量增加,动物的消化率降低,饲用价值下降。

2. 小麦麸的掺杂鉴别

小麦麸中常掺杂的物质有滑石粉、石粉、贝壳粉、花生皮、稻糠、沙土等低价原料,常用的鉴别方法主要有以下几种。

(1) 感官检测法:可以检测小麦麸中是否掺有滑石粉、贝壳粉、石粉和稻糠,将手插入一堆麸皮中然后抽出,如果手指上粘有许多白色粉末,且不易抖落则掺有滑石粉、贝壳粉或石粉。用手抓起一把麸皮使劲攥,如果麸皮很容易成团,则为纯麸皮,攥时有涨的感觉,则说明掺有稻糠。

（2）水浸法：可以检测小麦麸中是否掺有贝壳粉、沙土、花生皮、稻壳。取5~10g 麸皮于小烧杯中，加入10倍的水搅拌，静置10min，将烧杯倾斜，若掺假则可看到底面有贝壳粉、沙土，上面浮有花生壳、稻壳。

（3）盐酸滴定法：①取5g左右的待检样品，放入坩埚中，另取5g正常样品作对照，在电炉上低温加热至无烟，移入高温炉，在550℃灼烧至无黑色炭粒，若剩余的粗灰分较正常小麦麸多，小麦麸中可能添加了滑石粉、石粉、贝壳粉、沙土等。②向冷却后的坩埚中加入盐酸（1+3），若在加入的过程中产生大量的气泡，并发出吱吱的响声，可断定小麦麸中掺入了含碳酸盐较高的杂质，如滑石粉、贝壳粉或石粉。加入盐酸充分溶解（可加热微沸3~4min）后，若不溶物很多，则断定小麦麸中掺杂了沙土。

（4）显微镜检法：将少许待检样品均匀撒在玻片上，要求分布均匀尽量不重叠，在15倍的立体显微镜下观察，小麦麸皮为片状结构，麸皮的外表面有细皱纹，内表面粘附有许多不透明的白色淀粉粒。麦粒尖端的新皮粒皮薄，透明，附有一簇长长的有光泽的毛。

如果视野里看小麦麸两面发白发亮，多个视野都可看到，则认为掺有石粉。若视野中看到有长而硬没有白面的皮，且有"并"字条纹，则认为有稻壳粉掺入。

（二）全脂米糠

米糠是糙米精制时产生的果皮、种皮、外胚乳和糊粉层等的混合物。

1. 米糠的质量标准

中华人民共和国农业行业标准《饲料用米糠》中规定，以粗蛋白质、粗纤维、粗灰分为质量指标。按含量分为三级，三项质量指标必须符合相应等级的规定，低于三级者为等外品（表5-2）。

表5-2 饲料用米糠质量标准（NY/T122-1989）

质量标准/%	一级	二级	三级
粗蛋白质	≥13.0	≥12.0	≥11.0
粗纤维	<6.0	<7.0	<8.0
粗灰分	<8.0	<9.0	<10.0

色泽新鲜一致，气味正常，不可有酸败为米糠的控制关键点。全脂米糠脂肪含量高，必须认真检查，避免出现酸败、霉味及异嗅味。水分含量最好控制在12%以内，水分如果超过13%时，则加速氧化、变质加快，尤其高温多雨的夏季，4~5天内酸价即呈直线上升。

2. 全脂米糠的掺杂鉴别

常见米糠掺假物有稻壳粉、沙土、石粉等,常用的鉴别方法有以下几种。

(1) 感官检测法:优质米糠为淡黄灰色的粉状,色泽新鲜一致,无霉变、无结块、无虫蛀、无酸败及其他异味。

用手抓捏,纯优质米糠有弹性,手感柔软,不粗糙;掺有稻壳粉的米糠手感粗糙,弹性小。

(2) 盐酸滴定法:此方法可用于检测是否掺有石粉等含碳酸盐的杂质,方法同小麦麸。

(3) 容重测定法:此法可判别是否掺有过砻糠或掺有石粉。米糠容重为350～380g/L,掺有石粉则容重变大。若容重变小,可能掺有砻糠。

(4) 显微镜检法:将少许待检样品均匀撒在玻片上,要求分布均匀尽量不重叠,150倍显微镜下,米糠为很小的片状物,含油,呈奶油色或浅黄色,并结成团块。稻壳粉为黄色至褐色,不规则碎片,外表带有针刺状茸毛和横纹线,有光泽。

二、动物油脂掺假鉴别

动物油脂指用家畜、家禽和鱼体组织(含内脏)提取的一类油脂,其成分以甘油三酯为主,另含少量的不皂化物和不溶物等。其中,脂肪酸主要为饱和脂肪酸,但鱼油有高含量的不饱和脂肪酸。动物油脂一般为白色或淡黄色,20℃时,猪脂为软膏状,牛羊脂为坚实固体状。

1. 动物油脂质量指标

我国至今未对饲用油脂颁布国家标准,实际生产中对饲用油脂的质量一般规定见表5-3。

表5-3 动物油脂质量指标

	脂肪含量	游离脂肪酸	不溶性杂质	含水量
合格品	>90%	<10%	<0.5%	<1.5%
劣质品	<85%	20%～50%	>0.5%	>1.5%

2. 动物油脂的掺假鉴别

常见掺假物为水、盐及面粉,鉴别方法如下:

(1) 掺水的鉴别:当气温在零度以上时,可取一根比油桶略长的玻璃管,用拇指堵住上头插入桶底,放开拇指,然后再堵住,拔出,如观察到玻璃管底部有水柱，则说明桶底有水。当气温在零度以下时，可取一根比桶略长的铁棒插入桶内，在插入过程中用力要均匀，如果遇到突然变硬，则停止插入，抽出铁棒，在桶外与桶相比，观察插入多少，如果铁棒没有插到底，则说明底部有水结冰。

或取普通的钢精勺一个，取有代表性的油样约250g，在炉火或酒精灯上加热到150~160℃，听其声音和观察其沉淀情况，若发出"吱吐"响声，说明水分较大，约在0.50%以上；如稳定，不发出任何声音，表示水分较少，一般在0.25%左右。加热后观察油的颜色，若油色没有变化，也没有沉淀，说明杂质一般在0.2%左右；如油色变深，杂质约在0.49%左右；如勺底有沉淀，说明杂质多，约在1%以上。

(2) 掺盐的检验：①从桶底部取出一点动物油，用嘴尝，如果发咸则证明有盐。②从桶底部取一点动物油，放入试管中加入2~3mL水，加热至沸1~2min，过滤，滤液中滴入几滴硝酸银溶液，如果有白色沉淀物生成，则说明掺有盐。

(3) 掺面粉的检验：按掺盐的检验方法同样制取滤液，向滤液中滴入几滴碘-碘化钾溶液，如果滤液变蓝，则说明掺有面粉。

第二节 常用蛋白质饲料掺假鉴别

一、大豆粕掺假鉴别

1. 大豆粕的质量标准

中华人民共和国农业行业标准《饲料用大豆粕》中规定，以粗蛋白质、粗纤维、粗灰分为质量控制指标（表5-4）。国标还规定了饲用大豆粕的感官性状：浅黄褐色或淡黄色不规则的碎片状；色泽一致，无发酵、无霉变、无结块、无虫蛀及无异味、无异臭；同时规定水分不得超过13.0%，脲酶活性不超过0.4。

表5-4 饲料用大豆粕质量标准（NY/T131-1989）

质量指标/%	一级	二级	三级
粗蛋白质	≥44.0	≥42.0	≥40.0
粗纤维	<5.0	<6.0	<7.0
粗灰分	<6.0	<7.0	<8.0

2. 大豆粕的掺假鉴别

市面上主要掺假物为石粉、大豆壳、玉米粉、棉籽饼粕、菜籽饼粕等，常用以下检验方法：

(1) 容重法：可快速识别是否掺入石粉等无机物，一般大豆粕容重为

590～610g/L，容重大于此值则可能掺有石粉等容重大的物质。

（2）粗灰分分析法：取5g左右的待检样品，放入坩埚中，另取5g正常样品作对照，在电炉上低温加热至无烟，移入高温炉，在550℃灼烧至无黑色炭粒，若剩余的粗灰分较正常多，则可能添加了滑石粉、石粉、贝壳粉、沙土等无机物。我国饲用大豆粕质量标准（GB/T19541-2004）规定，大豆粕粗灰分含量应小于7％。

（3）碘-碘化钾溶液法：检查是否掺入玉米粉等含淀粉的物质。

取碘0.3g、碘化钾1g溶于100mL水中，然后用吸管吸1滴水在载玻片上，用玻璃棒头拈取过20号筛的大豆粕，放在载玻片上的水中展开，然后滴入一滴碘-碘化钾溶液，置于显微镜下观察，如观察到含有似棉花状的蓝色颗粒，则说明大豆粕中掺有玉米粉等含淀粉类的物质。随玉米粉含量的增加，蓝色颗粒增加，棕色颗粒减少。通过与标准样品的比较，可以粗略估测淀粉在其中的比例（标准样品的制备：取过20号筛的纯大豆粕0.95g、0.96g、0.97g、0.98g、0.99g，依次与通过20号筛的玉米面0.05g、0.04g、0.03g、0.02g、0.01g各自混匀，五种标准样品分别含5％、4％、3％、2％、1％玉米粉的大豆粕）。

（4）非蛋白性含氮化合物的掺假鉴别：①尿素的鉴别：称取10g样品于烧杯中，加入100mL蒸馏水，搅拌，过滤。取滤液1mL于点滴板上，加入2～3滴甲基红指示剂，再滴加2～3滴尿素酶溶液（在无尿素酶时加入少许生黄豆粉），约经5min，如点滴板上呈深红色，则说明样品中掺有尿素。（尿素酶溶液的配制：称取0.2g尿素酶溶解于100mL 95％的乙醇中；甲基红指示剂的配制：称取甲基红0.1g，溶解于100mL 95％的乙醇中）。②双缩脲的鉴别：称取大豆粕2g放入20mL蒸馏水中，搅拌均匀后静置10min，用干燥滤纸过滤。取滤液4mL入试管中，加6mol/L NaOH溶液1mL，再加1.5％$CuSO_4$溶液1mL，摇匀后立即观察，溶液显蓝色表示未掺假，显紫红色说明掺有双缩脲，且颜色越深，掺入比例越大。

由于大豆粕中少量的蛋白质和肽会溶解在滤液中，蛋白质和肽与$CuSO_4$溶液也会呈现显色反应，为了避免误差，用纯豆粕样品做对照，比较检测结果，掺有双缩脲的样品溶液呈紫红色，并且明显比纯大豆粕滤液的颜色深。

（5）显微镜检法：通过显微镜检结合感观识别可以判断大豆粕中是否掺有大豆壳、玉米粉、棉籽饼粕、菜籽饼粕等植物原料。将少许待检样品均匀撒在玻片上，要求分布均匀尽量不重叠，在20倍镜下特征物是有光泽的黄色豆壳，内表为白黄色，不平，为多孔海绵状。若掺假其他物质则可以观察到下列特征：①玉米粉：硬质玉米淀粉为黄色半透明，软质玉米淀粉为白色不透明；玉米皮则光滑有条纹；胚芽呈奶油色，含油。②棉籽饼粕：镜下特征物是带短绒纤维的壳，壳为淡褐色至深褐色，厚而硬，壳表面纤维为白色，有光泽半透明，用氯化锌-碘溶液处理后显微镜下呈黑褐色；棉仁为黄色，含黑色或红褐色的油腺体或棉酚腺体。（氯化锌-碘溶液配制：称取100g氯化锌溶于60mL蒸馏水中，再加入25g碘化钾溶解后，加入0.7g碘，放置数小时后使用。棕色玻璃瓶中可保存数月）。③菜籽饼粕：镜下特征物是菜壳，为红褐或黑色，较厚，外表有小凹点，内表面附有柔软、半透明的白色薄片。籽仁呈黄色至褐色，无光泽，质脆。④如果视野里看到发白发亮的亮点，则认为掺有石粉。若视野中看到有长而硬、没有白面的皮，且有"并"字条纹，则认为有稻壳粉掺入。

二、鱼粉的质量评定及掺假鉴别

鱼粉是用一种或多种鱼类为原料，经去油、脱水、粉碎加工后的高蛋白饲料。

1. 鱼粉的质量标准

饲料用鱼粉质量标准执行标准 GB/T19164-2003（以下为部分指标，表5-5）。

表5-5 饲料用鱼粉的质量标准

	特等品	一级品	二级品	三级品
色泽	红鱼粉：黄棕色、黄褐色等；白鱼粉：黄白色			
组织	蓬松、纤维状组织明显，无结块、无霉变	较蓬松、纤维状组织较明显，无结块、无霉变		松软粉状物，无结块、无霉变
气味	有鱼香味，无焦灼味和油脂酸败味		具有鱼粉正常气味，无异臭及焦灼味和明显油脂酸败味	
粉碎粒度	至少96%能通过筛网宽度为2.80mm（7目）的标准筛网			
粗蛋白质/%	≥65	≥60	≥55	≥50
粗脂肪/%	≤11（红） ≤9（白）	≤12（红） ≤10（白）	≤13	≤14
水分/%	≤10			
盐分（NaCl）/%	≤2	≤3	≤3	≤4
灰分/%	≤16（红） ≤18（白）	≤18（红） ≤20（白）	≤20	≤23
沙分/%	≤1.5	≤2	≤3	

除上述的营养指标外，鱼粉的原料鲜度或鱼粉在运输、贮藏过程中发生蛋白质分解、脂肪氧化酸败等，会严重影响鱼粉产品营养价值，影响饲养效果。挥发性盐基氮是氨基酸及其他含氮化合物的分解产物，反映氨基酸被破坏的程度。

2. 鱼粉的掺假鉴别

由于鱼粉价格较高，市场掺假严重，掺假物种类众多，归纳起来有4类。

(1) 无机矿物质及沙土类，如石粉、贝壳粉、骨粉、泥土等。

(2) 植物性物质，如油饼粕类、谷物副产品等。

(3) 动物加工副产品，如羽毛粉、血粉、肉骨粉、皮革粉等。

(4) 含氮化工产品，如尿素、硫酸铵、硝酸铵等。

常用的鉴别方法有如下几种：

(1) 水溶法：可用于识别鱼粉中是否掺有无机物、糠麸、花生壳、草粉等。

取试样2~4g加4倍水，搅拌后静止几分钟，若是优质鱼粉加入水中，则上无飘浮物，下无泥沙，水较透明；若为劣质鱼粉，则加入水后，上有飘浮物，如糠麸、草粉等，下有沉淀物且水混浊。

(2) 粗灰分测定法：用于识别矿物质及沙土等无机物。同大豆粕中粗灰分分析法，优质鱼粉一般粗灰分含量小于20%，大于此值，则可能掺入石粉、沙石、骨粉、贝壳粉、食盐等物质。

(3) 非蛋白性含氮化合物的掺假鉴别：①尿素及含铵态氮（NH_4^+）物质的鉴别。奈斯勒试剂配制：称取碘化汞23g、碘化钾1.6g放于6mol/L氢氧化钠溶液100mL中，混合均匀，静置，倾取上清液置棕色瓶内备用。取试样1~2g于干净试管中，加10mL水振摇2min，静置20min（必要时过滤）取上清液2mL于另一支试管中，加1mol/L氢氧化钠1mL，加奈斯勒试剂2滴，如试样有黄色沉淀，则表示有铵态氮（NH_4^+）存在。若没有黄色沉淀生成，再取上述上清液约2mL于蒸发皿中，加入1mol/L氢氧化钠液1mL，置水浴上蒸干，再加入水数滴和生豆粉少许（约10mg），静置2~3min，加奈斯勒试剂2滴，如试样有黄褐色沉淀产生则表明有尿素存在，如两次均没有黄色沉淀生产，说明鱼粉中没有掺杂尿素和铵态氮（NH_4^+）。②双缩脲的识别。称取鱼粉2g放入20mL蒸馏水中，搅拌均匀后静置10min，用干燥滤纸过滤。取滤液4mL于试管中，加6mol/L NaOH溶液1mL，再加1.5% $CuSO_4$ 溶液1mL，摇匀后立即观察，溶液显蓝色表示未掺假，显紫红色说明掺有双缩脲，且颜色越深，掺入比例越大。由于鱼粉中少量的蛋白质和肽会溶解在滤液中，蛋白质和肽与$CuSO_4$溶液也会呈现显色反应，为了避免误差，用纯鱼粉样品作对照，比较检测结果，掺有双缩脲的样品溶液呈紫红色，并且明显比纯鱼粉滤液的颜色深。③甲醛-尿素聚合物的识别。甲醛-尿素聚合物是常见的非蛋白氮掺入物，由于尿素以聚合物的形式存在，故用测定游离尿素的方法无法检出。目前多根据纯/粗蛋白比值来推断是否掺有这类高氮化合物。一般认为，用纯/粗蛋白的比值80%作为判别鱼粉是否掺有高氮化合物的指标。纯/粗蛋白比值高于80%，即没有掺入高氮聚合物；低于80%表示掺入高氮聚合物，纯/粗蛋白的测定方法参照第四章第二节。

（4）掺入植物性物质的检验：取鱼粉试样 1～2g 于 50mL 烧杯中，加入 10mL 水，加热 5min，冷却，滴入 2 滴碘-碘化钾溶液，观察颜色变化，如果溶液颜色立即变蓝或变黑蓝，则表明试样中有淀粉存在。

另取鱼粉试样 2g 于试管或小烧杯中，加间苯三酚溶液 10mL，放置 5～10min，滴加浓盐酸 2～3 滴，观察颜色，如果试样呈深红色，在烧杯中加入水，深红色物质会浮在水面，则表明试样中含有木质素。

碘-碘化钾溶液配制：取碘化钾 6g 溶于 100mL 水中，再加入 2g 碘，使其溶解，摇匀后置棕色瓶内保存；间苯三酚溶液配制：取间苯三酚 2g，加 90％的乙醇至 100mL 溶解，摇匀，置棕色瓶内保存。

（5）掺入动物性下脚料的检验。①掺入血粉的检验：取少许被检鱼粉入白瓷皿或白色点滴板中，加联苯胺-冰乙酸混合液数滴浸湿被检鱼粉，再加 3％过氧化氢液 1 滴，若掺有血粉被检样即显深绿或蓝绿色。（联苯胺-冰乙酸混合液配制：1 滴联苯胺入 100mL 冰乙酸中，加 150mL 蒸馏水稀释）。②掺入鞣革的检验：取鱼粉试样 1～3g 于瓷坩埚中，置电炉上炭化至烟除尽，于 550～600℃ 高温炉中灰化 30min，如有黑点再继续灰化 30min，取出室温放冷，加入 2mol/L 硫酸溶液 10mL，搅拌，加二苯基卡巴腙溶液数滴，观察颜色变化，如颜色呈紫红色表明鱼粉中掺有鞣革粉。（二苯基卡巴腙溶液配制：称取二苯基卡巴腙 0.2g，加 90％的乙醇至 100mL 使溶解，摇匀，置棕色瓶内保存）。

第三节　氨基酸添加剂原料掺假鉴别

一、赖氨酸质量控制与掺假鉴别

1. 赖氨酸的质量标准

项　目	指标/％
赖氨酸盐酸盐	≥98.5
比旋光度 $[a]_D^{20}$	+18.0°∼+21.5°
干燥失重	≤1.0
铵盐（以 NH_4^+）	≤0.04
重金属（以 Pb 计）	≤0.003
砷（以 As 计）	≥0.0002

2. 赖氨酸的掺假鉴别

市场上常见掺假物质为淀粉、石粉、石膏粉等，除氨基酸自动分析仪，还有几种快速识别其真假的方法。

(1) 感观识别法：赖氨酸为白色或淡褐色小颗粒或粉末，放入口中有酸味，无涩感。假赖氨酸则气味不正，有杂质样涩感。

(2) 溶解性检验：取 1~2g 于烧杯加水 50mL 溶解，真赖氨酸完全溶解于水，若有不溶物则为掺假。

(3) 灼烧法：取 1g 样品放入坩埚中，在电炉上灼烧，真赖氨酸会产生类似羽毛燃烧的气味，假的则没有或气味较淡。若将此样再移入高温炉中 550℃ 灼烧 2~3h，真赖氨酸残渣在 0.3% 以下，大于此值则表明掺假。

(4) pH 试纸法：赖氨酸燃烧产生的烟为碱性气体，并散发出一种难闻的气味，可使湿的广泛试纸变蓝色；假的无烟产生（如用石粉、石膏粉冒充时），或产生的烟使湿的试纸变红（如用淀粉掺假）。

二、蛋氨酸的掺假鉴别

1. 蛋氨酸的质量指标

项 目	指标/%
DL-蛋氨酸	≥98.5
干燥失重	≤0.5
氯化物（以 NaCl 计）	≤0.2
重金属（以 Pb 计）	≤0.002
砷（以 As 计）	≥0.0002

2. 蛋氨酸掺假鉴别

常见部分市售进口蛋氨酸掺假物有淀粉、葡萄糖粉、碳酸盐等。在没有氨基酸自动分析仪的情况下，可用以下几种简单、快速方法识别。

(1) 感官识别法：真蛋氨酸为纯白色或微带黄色，为有光泽结晶，有甜味；假的为黄色或灰色，闪光结晶少，有怪味、涩感。

(2) 显色试验：饱和硫酸铜硫酸溶液的配制：将硫酸铜溶于 1mol/L 10mL 硫酸溶液中，边加边搅拌至溶解，至溶液中硫酸铜不再溶解（溶液中保留有少量硫酸铜结晶）。0.1% 茚三酮溶液的配制：称取 0.1g 茚三酮溶于蒸馏水中，加蒸馏水稀释至 100mL。

鉴别方法一：称取 30mg 待检蛋氨酸样品放入 50mL 烧杯中，加饱和硫酸铜硫酸溶液 1mL。若是蛋氨酸，溶液应呈黄色；如果溶液仍呈浅蓝色或其他颜色，则样品是假冒物。

鉴别方法二：称取样品 0.1g，溶于 100mL 蒸馏水中。取此溶液 5mL，加 0.1% 茚三酮溶液 1mL，加热 3min 后，加 20mL 蒸馏水，摇匀，静置 15min。若样品溶液呈紫红色,表明为真蛋氨酸;无紫红色产生,则为假冒物。

(3) 灼烧法:取1g蛋氨酸加入瓷质坩埚,在电炉上碳化,真蛋氨酸有类似燃烧羽毛的特殊气味,而假蛋氨酸不具有这种气味,或气味较淡。当灼烧至无烟后,移至550℃高温炉上灼烧2h,真蛋氨酸残渣在0.5%以下。

(4) 溶解法:取1烧杯,加入50mL蒸馏水,再加上1g蛋氨酸,轻轻搅拌,有沉淀物且溶液浑浊则表明为掺假蛋氨酸,而真蛋氨酸几乎全溶于水且溶液透明。若将此烧杯置于电炉上加热,溶液变稠成糊状,则表明样品掺有淀粉类物质。

(5) 氮测定法:称0.3g样品,按粗蛋白测定方法(见GB/T6432-94)检测。纯蛋氨酸最后会消耗0.01mol/L盐酸20mL以上,若消耗盐酸较少,则表明为掺假氨基酸。

小　结

本章介绍了几种常用饲料原料的掺假鉴别方法,通过本章的学习应了解饲料原料的主要掺假物,掌握针对不同的掺假物的主要鉴别方法。感官鉴别是识别掺假的基础,根据每种原料的质量标准,从感观检验入手,再根据每种掺假物的物理化学性质,设计一些简单的物理和化学检验方法。显微镜检法是通过识别各种物质的结构特征来判断掺假物,需要长期的观察以积累经验,提高判断能力。

思　考　题

1. 哪几种方法可以判定植物饲料原料中是否掺入石粉?
2. 动物油脂的质量控制关键点有哪些?如何判断动物油脂中掺有水分?
3. 感官检验一批米糠样品,如何结合化学方法判定其质量等级?
4. 如何判断鱼粉中是否掺有尿素及含铵态氮(NH_4^+)物质?
5. 试述感官鉴别结合灼烧法判断赖氨酸及蛋氨酸的真假。

第六章 饲料加工质量检测

第一节 配合饲料粉碎粒度的测定方法

配合饲料粉碎粒度是指粉状饲料产品的粒度或在混合之后、制粒、膨化之前的混合粉料的粒度或经粉碎的饲料原料的粒度。饲料粉碎粒度对饲料的消化利用和动物生产性能有明显影响,对饲料的加工过程与产品质量也有重要影响。适宜的粉碎粒度可显著提高饲料的转化率,减少动物粪便排泄量,提高动物的生产性能,有利于饲料的混合、调质、制粒、膨胀、挤压膨化等。但饲料粉碎过细又会增加不必要的加工成本,对饲养动物本身也不利。

我国配合饲料产品的国家或行业标准中用限制性筛上物百分率法表示或测量(俗称两层筛法)。中国饲料产品标准对粉碎粒度的规定见表6-1。

表6-1 中国饲料产品标准对粉碎粒度的规定

饲养动物	成品粒度	标准号
仔猪、生长育肥猪、后备猪、妊娠猪、泌乳母猪、种公猪	99%通过2.80mm编织筛,但不得有整粒谷物,1.40mm编织筛筛上物不得大于15%	GB/T 5916-93 SB/T 10075-92
肉鸡前期、产蛋鸡、后备前期	99%通过2.80mm编织筛,但不得有整粒谷物,1.40mm编织筛筛上物不得大于15%	GB/T 5916-93
肉鸡中后期、产蛋鸡	99%通过3.35mm编织筛,但不得有整粒谷物,2.00mm编织筛筛上物不得大于15%	GB/T 5916-93
产蛋鸡产蛋期	全部通过4.00mm编织筛,但不得有整粒谷物,1.70mm编织筛筛上物不得大于15%	GB/T 5916-93
猪、蛋鸡、肉鸡浓缩饲料	全部通过8目分析筛,16目分析筛筛上物不得大于10%	GB8833-88
奶牛精料补充料	99%通过2.80mm编织筛,1.40mm编织筛筛上物不得大于20%	SB/T 10261-1996
生长鸭(前期)、肉用仔鸭前期配合饲料	99%通过2.80mm编织筛,但不得有整粒谷物,1.70mm编织筛筛上物不得大于15%	SB/T 10262-1996
生长鸭(中、后期)、肉用仔鸭中后期配合饲料	99%通过3.35mm编织筛,但不得有整粒谷物,1.70mm编织筛筛上物不得大于15%	SB/T 10262-1996
产蛋鸭配合饲料	全部通过4.00mm编织筛,但不得有整粒谷物,2.00mm编织筛筛上物不得大于15%	SB/T 10262-1996

1. 原理

饲料样品通过标准筛后,分别进行称重,计算其含量。

2. 仪器设备

(1) 标准编织筛:

筛目(目/英寸):4,6,8,12,16。

孔径(mm):5.00,3.20,2.50,1.60,1.25。

(2) 摇筛机:统一型号电动摇筛机。

(3) 天平:感量为0.01g。

3. 测定步骤

从原始样品中称取试样100g,放入规定筛层的标准编织筛内,开动电动机连续筛10min,筛完后,将各层筛上物分别称重。过筛的损失量不得超过1%。

4. 结果计算

(1) 计算:

$$该筛层上留存百分率(\%) = \frac{该筛层上留存粉料的重量}{试样重量} \times 100$$

检验结果计算到小数点后第一位,第二位四舍五入。

(2) 重复性:每个试样取两个平行样进行测定,允许误差不超过1%,求其平均数即为检验结果。

5. 注意事项

(1) 测定结果以统一型号的电动摇筛机为准,在该摇筛机未定型与普及前,各地暂用测定面粉粗细度的电动筛筛理(或手工筛5min计算结果)。

(2) 筛分时若发现有未经粉碎的谷粒与种子时,应加以称重并记载。

第二节 配合饲料混合均匀度的测定方法

配合饲料混合的工艺及所用的设备不同,混合均匀度测定的目的、对象和方法也不同。配合饲料混合均匀度的测定用于以下场合:测定混合机的混合性能;测定成品的均匀程度;测定混合后的物料在进一步加工、周转过程中的分离而混合均匀度降低的情况;仓库中的整批成品或几批同一品种成品的质量等。其原理是通过对配合饲料中示踪物或某一组分含量差异的测定来反映该饲料中各组分分布的均匀性。各配合饲料成品的混合均匀度可用甲基紫法或沉淀法进行测定。

随着检测情况的不同,取样的具体方法有所差异。在评定批量混合机的混合性能时,检测样本大多是混合机内不同的部位取得。所取样本就满足两个条件:①取样时尽可能保持混合机内部的原有状况。②能充分代表混合物的整体情况。为提高测定结果的重现性和可信度,在评定混合均匀度时应注明取样方法、取样点位置、取样个数及每个样品的大小等。

在成品仓中,包装成品的取样方案应符合概率统计的取样原则,划定取样范围,确定合适的取样个数、取样的位置及每个样品的大小。所确定的取样位置应能代表各混合机的批次、各生产班次及其他各种不同的生产条件。取样的样品量必须大于分析所需要的样品量,在分析前进行分样,以获得有代表性的、符合分析所需的样品。

混合均匀度的测定方法主要甲基紫法、沉淀法、铁离子法等。

一、甲基紫法

1. 原理

本法以甲基紫色素作为示踪物,将其与添加剂一同加入预先混合于饲料中,然后以比色法测定样品中甲基紫含量,作为反映饲料混合均匀度的依据。

2. 仪器设备

(1) 72型分光光度计,5mm比色皿。

(2) 150目标准铜丝网筛。

(3) 天平:感量为0.01g。

3. 试剂

(1) 甲基紫(生物染色剂)。

(2) 无水乙醇。

4. 测定步骤

(1) 示踪物的制备与添加:将测定用的甲基紫混匀并充分研磨,使其全部通过150目标准筛。按照配合饲料成品量十万分之一的用量,在加入添加剂的工段投入甲基紫。

(2) 样品的采集与制备:每一批饲料至少抽取10个有代表性的原始样品。每个原始样品的数量应以畜禽的平均一日采食量为准,即肉用仔鸡前期饲料取样50g;肉用仔鸡后期与产蛋鸡料取样100g;生长肥育猪饲料取样500g。该10个原始样品的布点必须考虑各方位深度、袋数或料流的代表性;但是,每一个原始样品必须由一点集中取。取样前不允许有任何翻动或混合。将每个原始样品在化验室充分混匀，以四分法从中分取 10g 化验样进行测定。

（3）化验步骤：从原始样品中称取 10g 试样，放在 100mL 的小烧杯中，加入 30mL 无水乙醇，不时地加以搅动，烧杯上盖一表面玻璃，30min 后用中速滤纸过滤。以无水乙醇液作空白调节零点，用分光光度计、以 5mm 比色皿在 590nm 的波长下测定滤液的光密度。各次测定的光密度值为 x_1、x_2、x_3、…、x_{10}。

5. 测定结果计算

$$平均值\ \bar{x} = \frac{1}{10}\sum x_i = \frac{x_1+x_2+x_3+\cdots+x_{10}}{10}$$

$$标准差\ S = \sqrt{\frac{\sum_{i=1}^{10}(x_i-\bar{x})^2}{10-1}}$$

$$= \sqrt{\frac{(x_1-\bar{x})^2+(x_2-\bar{x})^2+(x_3-\bar{x})^2+\cdots+(x_{10}-\bar{x})^2}{10-1}}$$

由平均值 $\bar{x}$ 与标准差 S 计算变异系数 CV：

$$CV = \frac{S}{\bar{x}} \times 100\%$$

6. 注意事项

（1）混合均匀度的变异系数 CV 值应小于 10%，变异系数越小，混合越均匀。

（2）由于出厂的各批甲基紫的甲基化程度的不同，色调可能有差别。因此，测定混合均匀度所用的甲基紫，必须用同一批次的并加以混匀后才能保持同一批饲料中各样品测定值的可比性。

（3）配合饲料中若添加有苜蓿粉、槐叶粉等含有叶绿素的组分，则不能用甲基紫法测定。

二、氯离子选择性电极法

1. 原理

本法通过氯离子选择性电极的电位对溶液中氯离子的选择性响应来测定氯离子的含量，以饲料中氯离子含量的差异来反映饲料的混合均匀度。

2. 仪器设备

（1）氯离子选择性电极。

(2) 双盐桥甘汞电极。
(3) 酸度计或电位计：精度为 0.2mV。
(4) 磁力搅拌器。
(5) 烧杯：100mL，200mL。
(6) 移液管：1mL，5mL，10mL。
(7) 容量瓶：50mL。
(8) 天平：感量为 0.0001g。

3. 试剂

本实验所用的试剂均为分析纯，水为去离子水。

(1) 0.5mol/L 硝酸溶液：取 35mL 浓硝酸用水稀释至 1000mL。

(2) 2.5mol/L 硝酸钾（KNO_3）溶液：称取 252.75g 硝酸钾（KMO_3），加水加热溶解，冷却后用水稀释至 1000mL。

(3) 氯离子标准溶液：将氯化钠基准物于 500℃ 灼烧 1h，再于干燥器内冷却后称取 8.2440g，加水微热溶解，转入 1000mL 容量瓶中，用水稀释至刻度，摇匀，即为 5mg/mL 氯离子标准溶液。

4. 测定步骤

(1) 样品的采集和制备：样品的采集与制备和甲基紫法相同。

(2) 将每个样品在化验室充分混匀，以四分法从中分取 10.00g（准确至 0.0002g）试样，分别置于 10 个 250mL 烧杯中，各烧杯中加 100mL 水，搅拌 10min，静置 10min，用中速定性滤纸过滤。吸取试样滤液 10mL，置于 50mL 容量瓶中，加入 5mL 硝酸溶液及 10mL 2.5mol/L 硝酸钾溶液，用水稀释至 50mL 刻度处，摇匀。倒入 100mL 干燥烧杯中，用磁力搅拌器搅拌 3min，以氯离子选择性电极为指示电极，甘汞电极为参比电极，测定电位值（mV）。

(3) 移取 5mg/mL 氯离子标准溶液 0.1mL、0.2mL、0.4mL、0.6mL、1.2mL、2.0mL、4.0mL、6.0mL 分别置于 8 只 50mL 容量瓶中，各加 5mL 0.5mol/L 硝酸溶液和 10mL 2.5mol/L 硝酸钾（KNO_3）溶液，用水稀释到刻度，摇匀，可得到 0.50mg/50mL、1.00mg/50mL、2.00mg/50mL、3.00mg/50mL、6.00mg/50mL、10.00mg/50mL、20.00mg/50mL、30.00mg/50mL 的氯离子标准溶液系列。将它们分别倒入 100mL 干燥烧杯中，以下按试样测定其电位值（mV）。以溶液的电位值（mV）为纵坐标，氯离子浓度为横坐标，在半对数纸上绘制标准工作曲线。并查出试样的氯离子含量。

5. 测定结果计算

以各次测得的氯离子含量的对应值 x_1、x_2、x_3、…、x_{10}。

$$\text{平均值 } \bar{x} = \frac{1}{10}\sum x_i = \frac{x_1 + x_2 + x_3 + \cdots + x_{10}}{10}$$

$$\text{标准差 } S = \sqrt{\frac{\sum_{i=1}^{10}(x_i - \bar{x})^2}{10-1}}$$

$$= \sqrt{\frac{(x_1 - \bar{x})^2 + (x_2 - \bar{x})^2 + (x_3 - \bar{x})^2 + \cdots + (x_{10} - \bar{x})^2}{10-1}}$$

由平均值 $\bar{x}$ 与标准差 S 计算变异系数 CV：

$$CV = \frac{S}{\bar{x}} \times 100\%$$

6. 注意事项

该法可以计算出饲料中氯离子的含量。

$$w = \frac{x}{m \times \dfrac{V}{100} \times 1000} \times 100$$

式中，w——饲料中氯离子的质量分数，%；x——从标准曲线上查得的氯离子含量，mg；m——试样质量，g；V——测定时所取滤液体积，mL。

三、铁离子法（用于预混合饲料混合均匀度的测定）

1. 原理

用盐酸羟胺将样品液中的铁还原成二价铁，再与显色剂邻菲啰啉反应，生成橙红色的络合物，以比色法测定铁的含量。通过预混合饲料中铁含量的差异来反映各组分分布的均匀性。

2. 仪器设备

（1）分析天平：感量为 0.0001g。

（2）可见光分光光度计。

（3）烧杯、移液管、容量瓶等。

3. 试剂

（1）盐酸（GB 622）：化学纯。

（2）邻菲啰啉溶液：溶解 0.1g 邻菲啰啉（GB 1293，分析纯）于 80mL 80℃的蒸馏水中，冷却后用蒸馏水稀释至 100mL，保存于棕色瓶中，并置于冰箱内，可稳定数周。

（3）盐酸羟胺溶液：溶解 10g 盐酸羟胺（HGB 3044，化学纯）于蒸馏水中，用蒸馏水稀释至 100mL，保存于棕色瓶中，并置于冰箱内，可稳定数周。

（4）乙酸盐缓冲溶液：溶解 8.3g 无水乙酸钠（GB 694，分析纯）于蒸馏水中。加入 12mL 冰乙酸（GB 676，分析纯），并用蒸馏水稀释至 100mL。

4. 样品的采集与制备

（1）本法所需的样品系预混合饲料成品，必须单独采制。

（2）包装成品在成品库取样，一个包装算一个点，每个样品由一点集中取一样。

（3）每批饲料抽取 10 个有代表性的实验室样品，每一实验室样品为 50g。各实验室样品的布点必须考虑代表性，取样前不允许翻动或再混合。

（4）将上述每个实验室样品在试验室充分混匀，以四分法从中分取 1~10g（视含铁量而不同）试样进行测定。

5. 测定步骤

称取试样 1~10g（准确至 0.0002g）于烧杯中，加 20mL 浓盐酸，充分混匀后用蒸馏水稀释至 100mL，使样品中无机铁直接溶解，待溶液澄清后吸取上清液 1mL（含铁量约在 40μg 以下，否则要少称样或少用上清液，若溶液混浊，则应过滤）于 25mL 容量瓶中，加入盐酸羟胺溶液 1mL，充分混匀，5min 后加入乙酸盐缓冲液 5mL，摇匀后再加邻菲啰啉溶液 1mL，用蒸馏水稀释至 25mL，充分混匀，放置 30min，以蒸馏水作参照溶液，用分光光度计在 510nm 波长处测定其吸光度（x_1、x_2、x_3、…、x_{10}）。

6. 结果与计算

$$\text{平均值}\ \bar{x} = \frac{1}{10}\sum x_i = \frac{x_1 + x_2 + x_3 + \cdots + x_{10}}{10}$$

$$\text{标准差}\ S = \sqrt{\frac{\sum_{i=1}^{10}(x_i - \bar{x})^2}{10-1}}$$

$$= \sqrt{\frac{(x_1-\bar{x})^2 + (x_2-\bar{x})^2 + (x_3-\bar{x})^2 + \cdots + (x_{10}-\bar{x})^2}{10-1}}$$

由平均值 $\bar{x}$ 与标准差 S 计算变异系数 CV：

$$CV = \frac{S}{\bar{x}} \times 100\%$$

7. 注意事项

(1) 加入浓盐酸时必须慢慢滴加,以防样液溅出。

(2) 对于高铜的预混合饲料,可酌情将显色时的邻菲啰啉溶液的用量提高至3~5mL。

(3) 如果要测定铁含量,可配制铁标准溶液,并绘制标准曲线。

第三节 颗粒饲料粉化率的测定方法

颗粒饲料的质量除了有关的化学及营养质量等指标外,国标 GB/T16765-1997"颗粒饲料通用技术条件"还规定了具体的物理品质指标。颗粒饲料的加工质量常用粉化率、硬度、耐水性等来评定,必要时还要测定淀粉糊化度。

粉化率是颗粒饲料物理性质的一个重要指标,它表明颗粒坚实的程度。粉化率低的饲料经运输振动、储藏等过程后仍保持颗粒原形,粉化率高的颗粒饲料经上述过程后就会变得含粉率很高从而影响颗粒饲料的质量。

一、颗粒饲料含粉率的测定

1. 仪器设备

(1) 振筛机:SDB-200 顶击式标准筛振筛机(频率 220 次/min,行程 25mm)。

(2) 标准筛一套(GB 6004)。

(3) 天平:感量为 0.1g。

2. 测定步骤

(1) 采集有代表性的颗粒饲料 1200g,取样时要小心,防止颗粒料破碎。

(2) 将样品用四分法分为 2 份,每份 600g(m_1),放于规定的筛格(按表 6-2 选用)内,在振筛机上预筛 5min,也可用手工筛(每分钟 110~120 次,往复范围 10cm)。将筛下物称量(m_2)。

表 6-2 不同颗粒直径规定用筛孔尺寸(mm)

颗粒直径	2.5	3.0	3.5	4.0	4.5	5.0	6.0	8.0
筛孔尺寸	2.0	2.8	2.8	3.35	4.0	4.0	5.6	6.7

3. 结果计算

(1) 颗粒饲料含粉率按下式计算:

$$\Phi_1 = \frac{m_2}{m_1} \times 100\%$$

式中，Φ_1——含粉率，%；m_1——样品质量，g；m_2——2.0mm 筛下物质量，g。

(2) 允许误差：两次测定结果之差不大于1%，以其算术平均值为结果，数值表示至一位小数。

二、颗粒饲料粉化率的测定

1. 原理

颗粒饲料的粉化率是由专用的颗粒粉化仪进行测定。定量的试样颗粒饲料在粉化仪中经受定时的强烈碰撞、翻转，然后测定颗粒饲料中产生的粉末量占其总量的百分率。

2. 仪器设备

(1) 粉化仪（双箱体式）：JFH×2 箱式粉化率测定仪。

(2) 振筛机：SDB－200 顶击式标准筛振筛机（频率 220 次/min，行程 25mm）。

(3) 标准筛一套（GB6004）。

(4) 天平：感量为 0.1g。

3. 测定步骤

(1) 采集有代表性的颗粒饲料 1200g，取样时要小心，防止颗粒料破碎。

(2) 将样品用四分法分为两份，每份 600g（m_1），放于规定的筛格（按表 6-2 选用）内，在振筛机上预筛 5min，也可用手工筛（每分钟 110～120 次，往复范围 10cm）。

(3) 从筛上物中分别称取样品 500g（m_4）两份，各装入粉化仪的两个回转箱内，盖紧箱盖，开动机器，使箱体回转 500 转，停机后取出样品，放于规定筛孔的筛格内（表 6-2），在振筛机上在振筛机上筛理 5min 或用手工筛，将筛下物称量（m_3）。

4. 结果与计算

(1) 颗粒饲料粉化率按下式计算：

$$\Phi_2 = \frac{m_3}{m_4} \times 100$$

式中，Φ_2——粉化率，%；m_4——回转前样品质量，g；m_3——回转后筛下物质量，g。

(2) 允许误差：两次测定结果之差不大于1%，以其算术平均值为结果，数值表示至一位小数。

5. 注意事项

测定含粉率及粉化率通常是在颗粒冷却后立即测定。颗粒温度与环境温度之差应在5℃以内。

三、含粉率及粉化率判定合格界限

含粉率及粉化率判定合格界限见表6-3。

表6-3　含粉率及粉化率判定合格的界限

项目	标准规定值	分析允许误差（绝对误差）	判定合格的界限
含粉率	≤4.0	1.5	≤5.5
粉化率	≤10.0	1.5	≤11.5

注：表中分析允许误差为不同实验室、不同操作者试验结果之间差值

第四节　颗粒饲料硬度的测定方法

颗粒饲料硬度是表明饲料颗粒的结实程度，不仅与粉化率有关，还和畜禽的适口性有关。

1. 原理

向单颗颗粒饲料直径方向施加压力，以颗粒压碎前所能承受的最大力（N）表示颗粒的硬度。

2. 仪器设备

硬度计。

3. 测定步骤

(1) 从冷却后的颗粒饲料中取出30～100粒样品颗粒，再从样品颗粒中挑出表面质量完好的20颗（长度为其直径1.5～2.0倍）。

(2) 分别将单颗颗粒置于硬度计的压头下，测定其破坏压力（x_1、x_2、x_3、…、x_{20}）。用算术平均值表示测定结果。

4. 结果与计算

$$\bar{x} = \frac{x_1 + x_2 + x_3 + \cdots + x_{20}}{20}$$

式中，$\bar{x}$——颗粒的硬度，N；x_1、x_2、x_3、…、x_{20}——单个颗粒的硬度，N。

5. 注意事项

如果颗粒长度不足6mm，则在硬度后要标明平均长度。例如，硬度为80N颗粒平均长度为L＝5mm，则样品的硬度为80N（L＝5mm）。

小　结

饲料加工质量检测是必须掌握的实验分析技术，也是饲料企业的质量控制体系的主要组成部分。本章系统地介绍了饲料加工中经常检测的指标以及检测原理和方法。

思　考　题

1. 配合饲料粉碎粒度采用什么测定方法？测定过程中要注意哪些因素？
2. 混合均匀度的测定方法有哪些？预混合饲料混合均匀度的测定宜采用哪种方法？
3. 简述甲基紫法的测定原理与方法。
4. 用甲基紫法测定混合均匀度时要注意哪些因素？
5. 简述氯离子选择性电极法的测定原理与方法。
6. 简述铁离子法的测定原理与方法。
7. 什么叫颗粒饲料粉化率？其测定原理是什么？
8. 简述颗粒饲料硬度的测定原理与方法。

第七章 饲料企业检验室的建设

第一节 饲料企业检验室建设

一、检验室选址及布局

（一）选址

饲料企业检验室不同于教学、科研单位的实验室，应以便于完成原料接受及产品出厂检验为原则。由于饲料企业一般要求对每批饲料原料和产品进行检验，检验工作比较繁重，因此，检验室的位置距生产车间不宜过远。检验室可设在行政办公楼内，但应相对集中，以便于检验过程中各环节的有机衔接。

检验室不应设在生产车间内。在饲料分析和检验中，经常会用到乙醚、乙醇易燃化学物质以及电炉、烘箱、高温炉等加热设备；但饲料车间内的原料和产品多为易燃物质，车间粉尘遇到明火极易爆炸。因此，检验室设在生产车间会给生产安全带来隐患。另外，车间的巨大噪音和粉尘也不利于精密仪器的日常维护和正确使用。

（二）检验室布局及要求

有条件的企业，宜分别建立独立的仪器室、操作室、留样室，并建留样柜。空间不允许时，至少应进行适当的功能分区，即仪器区、操作区、留样区。

1. 仪器室（区）和操作室（区）

分析仪器对温度、湿度有一定要求，需要相对稳定的运行环境。应建立单独的仪器室。注意分析仪器不应与热处理设备同处一室（区）。

分析仪器室（区）和操作室（区）应配有适宜的操作台面。操作台面应稳固、耐火、耐腐蚀、易清洗。混凝土台面受震动影响小，因此，精密仪器特别是分析天平放置在混凝土台面比较适宜。另外，仪器室（区）和操作室（区）还应有比较完善的供水设施和排污系统，以便于进行玻璃器皿的清洗和检验室的清洁卫生。

2. 留样室（区）

饲料厂每批次产品都必须留样，因此留样柜的大小应能满足各种样品的存放，样品保留时间应超过保质期2个月以上。

样品需要存放在通风、干燥、阴凉的地方，否则容易发生变质。因此，留样柜不应与热处理设备存放在一起。对于高温容易变质的样品，应存放有空气温度调节器的留样室（区）内。当企业产品质量在市场受到投诉或出现争议时，留样往往可以成为保护企业利益的重要物证，因此，应特别重视留样工作。

二、检验室的仪器配置和检定

饲料企业检验室的仪器配置应以能满足原料基础检验和产品出厂检验为原则。经济条件许可时，可购置大型仪器设备，以实现对原料和产品的全面检验；经济等条件不许可时，可委托有能力、有资质的检验机构对微量成分和卫生指标进行检验。

1. 配合饲料、浓缩饲料及精料补充料生产企业需要的基本仪器配置

配合饲料、浓缩饲料及精料补充料生产企业需要配置的基本检测仪器和设备应包括：样品粉碎机、分析天平、分光光度计、恒温干燥箱、高温炉、定氮装置、脂肪提取装置、抽滤装置、真空泵、水浴锅、通风橱等。

2. 添加剂与混合饲料生产企业需要的基本仪器配置

添加剂与混合饲料生产企业需要配置的基本检测仪器、设备有：样品粉碎机、酸度计、分析天平、分光光度计、恒温干燥箱、高温炉、通风橱等。

3. 添加剂、单一饲料、动物源性饲料原料生产企业需要的基本仪器配置

添加剂、单一饲料、动物源性饲料原料生产企业需要配置的基本检测仪器、设备有：样品粉碎机、分析天平、恒温干燥箱等。

另外，生产企业可以根据自身的产品类型合理配置其他仪器设备，如饲料微生物制剂生产企业应配备超净工作台、高压灭菌锅、恒温培养箱、生物显微镜等仪器设备。

4. 仪器设备的定期检定

仪器设备长时间运行后或环境条件发生较大改变时，灵敏度会有所改变。因此，应对仪器设备进行定期校正。除自己应对仪器经常进行校准外，还应请有资质的计量检定部门对仪器进行定期检定，并出具计量检定证书。目前，我国有关管理部门要求饲料企业对所用的衡器、检验仪器设备由有资质的计量检定机构每年检定一次。

三、检验过程的各项记录

饲料企业检验室应对检验过程进行记录,这些记录是企业及有关部门追溯和评判检验质量事故和产品质量事故的重要依据,因此应妥善保存。这些记录主要包括留样观察记录、仪器使用记录、检验原始记录、检验报告以及比较详细的仪器操作规程等。

1. 留样观察记录

留样观察记录在内容上应包含样品名称、留样时间、留样编号、样品储存条件、留样人、样品销毁时间、批准样品销毁负责人等信息。留样观察记录一般应保存至产品保质期后一年以上。留样观察记录(样本)见表7-1。

表7-1 留样观察记录(样本)
×××饲料公司留样观察记录表

留样日期	样品编号	样品名称	样品状态	存放环境	留样人	样品销毁时间	销毁批准人

2. 精密仪器使用记录

精密仪器如分析天平、分光光度计等应有使用记录,以便使用者及时掌握仪器的运行状态。在内容上,精密仪器使用记录应包含仪器名称、使用时间、使用人、仪器状态及维修记录等信息。精密仪器使用记录（样本）见表 7-2。

表 7-2　精密仪器使用记录（样本）

×××饲料公司（仪器名称）使用记录表

仪器使用时间	使用人	使用目的	仪器运行状态	故障表现	维修记录

3. 检验记录和检验报告

检验记录和检验报告信息应完整，应包含样品名称、样品编号并与留样观察记录一致。检验记录应有原始称样量、检验过程涉及量值的记录及检验人和审核人签字。检验报告应有检验人和批准人签字。检验记录和检验报告应保存至产品保质期后一年以上。检验记录（样本）见表 7-3。检验报告（样本）见表 7-4。

表 7-3　检验记录（样本）

×××饲料公司样品检验原始记录

饲料中×××的测定

第　页　共　页

样品编号	样品名称	序号	样重/g			含量	检测时间	备注
								检测方法：
								检测仪器：
								仪器编号：
								计算公式：
								室温：℃

检验人：　　　　　　　　　　　　　审核人：

表 7-4　检验报告（样本）

×××饲料公司检验报告

样品编号：　　　　　　　　　　　样品名称：

序号	检测项目	计量单位	标准要求	实测结果	单项评定
1					
2					
3					
4					
5					
6					
7					
8					
结论					

主检：　　　　　　　　　　　　　　批准人：

4. 仪器操作规程

为保证操作人正确使用仪器并使仪器经常处于良好运行状态，应制定比较详细的仪器操作规程并方便检验人员取阅。仪器操作规程应包含准确的操作步骤和注意事项，一般专业人员能按该规程正确操作和使用仪器。分光光度计的操作规程（示例）见表 7-5。

表 7-5　分光光度计的操作规程（示例）

WFJ7200 型分光光度计操作规程
1. 连接仪器电源线，确保仪器供电电源有良好的接地性能。
2. 接通电源，使仪器预热 20 分钟（不包括仪器自检时间）。
3. 用＜MODEL＞键设置测试方式：透射比（T）、吸光度（A）、已知样品浓度值方式（C）和已知标准样品斜率（F）方式。
4. 用波长选择钮选择所需的分析波长。
5. 打开样品室盖，将盛有比样品溶液和被测溶液的比色皿分别插入比色皿槽中（每次使用后检查样品室是否积存有溢出的溶液），盖上样品室盖。一般情况下，参比样品放在第一槽位中。仪器所附的比色皿，其透射比是经过配对测试的，未经配对处理的比色皿将影响样品的测试精度。比色皿透光部分不能有指印、溶液痕迹，被测样品中不能有气泡、悬浮物，否则也将影响样品测试的精度。
6. 将％T校具（黑体）置于光路中，在 T 方式下按 "％T" 键此时显示器显示 "0.000"。
7. 将参比样品推（拉）入光路中，按 "OA/100％T"，此时显示器显示的 "BLA——" 直至显示 "100.0" 或 "0.000" 为止。
8. 当仪器显示器显示出 "100.0" 或 "0.000" 后，将被测样品推（拉）入光路，这时，便可从显示器上得到被测样品的透射比或吸光度值。
注意：每次测试完毕后注意切断电源，盖好防尘罩。将比色皿清洗、擦干，放回原处。

第二节 实验室安全知识

一、一般安全操作

1. 防止中毒

实验室的一切化学试剂都应视为是有毒的,特别是剧毒药品,更应设专人专柜保管。为保证安全防止中毒应注意以下事项。

(1) 一切试剂药品以及配制的溶液必须有标签;标签一旦脱落应立即补上;如果标签无法辨认,一般不允许再使用,除非能有可靠证明是哪种试剂。

(2) 严禁试剂入口:移取溶液时应使用洗耳球,不允许用嘴代替洗耳球吸取溶液。如果必须以鼻鉴定试剂时,应将试剂瓶远离鼻子,用手轻轻煽动,稍闻其味即可,严禁让鼻子接近瓶口鉴定。

(3) 严禁以器皿代替食具:如果使用毒物进行实验,离开实验室时要仔细洗手和漱口。例如,分析饲料中的黄曲霉素 B_1、硒等。

(4) 处理有毒有害气体时应在通风柜内进行。使用通风柜时,头部不要伸到柜内操作。应保持头部在柜外面,最好戴防毒面具操作。

(5) 采集有毒样品时要站在上风处。

(6) 一旦发生中毒必须进行急救。例如,移到空气新鲜的地方,采用呕吐排除胃中毒物,并立即找医生,尽快救护。

2. 防火和防爆

在使用和处理易燃易爆炸试剂时要严格注意以下几点。

(1) 处理易挥发性有机溶剂,如汽油、乙醚、石油醚、苯、酒精、二氧化碳、甲醇等,应在通风柜内进行,或在通风条件良好的实验室内进行。

(2) 不能使用明火加热或蒸发有机熔剂。不能用电炉、煤气灯、酒精灯等明火蒸发丙酮、乙醚、甲醇等;必要时可用水浴、蒸汽浴或真空减压装置进行。在蒸除有机溶剂时也不要交叉使用明火。

(3) 严禁氧化剂与可燃物一起研磨,不能在纸上称量过氧化钠等过氧化物。如果身上或手上粘有易燃物时,应立即清洗,不得靠近火源,以防着火。

(4) 对装有挥发性物质或受热易分解的药品的瓶子,最好不用石蜡封口。当瓶口用石蜡封住打不开时,不能用明火烤瓶口。

(5) 易发生着火或爆炸的操作不要对着人。例如,用过氧化钠熔融样品时,坩埚口不得对着人。同样,特别是在气温高的夏天,打开有机熔剂瓶盖时要向外开,不要对着自己。必要时可用水冷却后再开,回收非水滴定溶液高氯酸中的乙酸时,要加强安全措施,避免可能发生的伤害。

(6)易爆试剂及高压气瓶,如苦味酸、高氯酸、高氯酸盐和乙炔气瓶、氧气瓶等,都应放在低温处保管,不得与其他易燃品混放在一起。移动这类药品及气瓶时不要激烈振动。高压气瓶出口不要对着人。

(7)其他方面:一切固体不溶物、浓酸、浓碱,严禁倒入水槽,以防堵塞或侵蚀管道。残余毒物更应妥善处理,切勿任意丢失或倒在水槽中。例如,含氰化物的废液,应先将 CN^- 转变为 $Fe(CN)_6^{4-}$ 后再倒入水槽(每 200mL 废液中加 25mL 10%碳酸钠溶液和 25mL 30%硫酸铁溶液,搅均匀)。实验室工作结束,应进行安全检查,关闭电源、气源、水源和热源。

3. 防止化学灼伤、腐蚀和烫伤

(1)取用时腐蚀类刺激性药品,如强酸、强碱、过氧化氢、氢氟酸、冰乙酸和溴水等,应戴上橡皮手套和防护眼镜。如果瓶子较大,搬运时必须一手托住底部,一手拿住瓶颈。用移液管移取此类药品时必须用洗耳球。

(2)稀释硫酸时必须使用耐热容器,如烧杯,并不断搅拌,慢慢将硫酸倒入水中。绝对不允许将水加到硫酸中,以防溅出灼伤。

(3)在研碎氢氧化钠、氢氧化钾等危险品时,要戴防护眼镜,防止碎片溅到眼睛而引起严重腐蚀性灼伤。在配制此类溶液时也应特别小心。

(4)用浓硫酸做加热浴的操作(如测定熔点)必须使眼睛要离开一定距离,火焰不要超过石棉网的石棉芯,搅拌要均匀。在酸介质中进行检定试验,如用靛蓝鉴定硝酸银时,加入浓硫酸要用搅棒搅拌,切忌以摇动代替搅拌,以免突然发热溅出伤人。

(5)切割玻璃棒(管)及塞子钻孔,稍不小心往往造成伤害。往玻璃管上套橡皮管时,必须正确选择合适的直径,不要用薄壁玻璃管,且须将管头琢圆滑再插入,插入时最好用水或甘油浸润橡皮管内壁,并用布裹好,以防玻璃管破碎伤手。一旦发生创伤,立即用水冲洗,以防玻璃上污染的化学药品有害伤口,然后包扎好。

(6)装配或拆卸仪器时要注意防护,以免割伤,特别是拆卸时危险性更大。例如,不经常使用的试剂磨口瓶盖,有时打不开,这时不要用力太猛,以防破裂伤手。在这种情况下可用木棒轻轻敲打或热水浸泡后在打开。在没有危险的情况下也可用明火快速加热磨口外壁,可立即扭松。

二、电器设备的安全使用

饲料实验室使用的电器设备很多,包括电器动力设备(如各种样品粉碎机)、电热设备(如烘箱、高温电阻炉、水浴锅、电炉等)和分析仪器。使用这些电器设备必须注意以下几点。

(1) 各种仪器设备应在其规定的电压、电流及工作环境条件下使用，不得擅自更改用途。仪器出现故障时应请专业人员修理，不得擅自拆卸。

(2) 实验室不得有裸露的电线头。强电和弱电要分开。离开房间要切断所有电源。

(3) 更换保险丝时，要按负荷量选用合格保险丝，不得使用大保险丝或以铜线代替保险丝。

(4) 一旦发现电器动力设备发生过热现象，应立即停止转运，进行检查。

(5) 凡使用 110V 以上电源装置，仪器的金属部分必须安装地线。禁止在电气设备或线路上洒水，以免漏电。检修电器设备时应使用有绝缘手柄的工具。使用高压电器工作时，操作人员要穿上胶鞋并戴上橡皮手套，站在橡皮地毯上。

(6) 对电器的清洁卫生应在断电后进行，并禁止用湿毛巾擦拭电器。不允许用铁柄毛刷清扫电门或用湿布擦洗电门。

(7) 受到电流伤害时，要立即用不导电物质把触电者挪开，立即切断电源。然后把触电者转移到空气新鲜的地方，进行人工呼吸，并迅速找医生进行救护。

三、易爆物质和强氧化剂的安全

强氧化剂是指具有强烈氧化性的物质。氧化剂本身一般是不会燃烧的，但在空气中遇酸或受潮、强热，或与其他还原性物质、可燃物接触，即能分解引起燃烧或爆炸。强氧化剂有氟、三价钴盐、过硫酸盐、过氧化氢、过氧化物、高锰酸盐、高氯酸盐、溴酸盐、重铬酸盐和氯等。

爆炸性物质是指具有猛烈爆炸性的物质。当受到高温、摩擦、撞击或与其他物质接触发生作用后，能在瞬间发生剧烈反应，产生大量的热量和气体，从而引起爆炸。下列物质均属于敏感性强、易分解而引起爆炸的物质，如臭氧、过氧化物、氯酸和高氯酸盐，氮的卤化物，亚硝基化合物，重氮和叠氮化物，酸盐，乙炔和炔化物等。而某些强氧化剂本身就是爆炸性物质，如硝酸铵、过氧化物、高氯酸盐等。

1. 爆炸极限 (low explosion limited, LEL)

爆炸在饲料分析室仅限于化学反应爆炸和易燃气体爆炸。爆炸极限是指当可燃气体、可燃液体的蒸气或可燃粉尘与空气混合并达到一定浓度时，遇到火源就会发生爆炸。遇到火源能够发生爆炸的浓度范围，叫爆炸极限。通常用可燃气体、蒸气或粉尘在空气中的体积分数（%）表示爆炸极限。但可燃气体与空气的混合物并不是在任何比例下都能发生爆炸，而是有一个发生爆炸的浓度范围，即最低爆炸浓度称为爆炸极限，最高爆炸浓度称为爆炸上限。只有当可燃气体在空气中的浓度在这两个浓度之间，才有爆炸的危险。

当可燃气体、蒸气或粉尘在空气中的浓度低于爆炸下限，遇到明火，既不爆炸也不会燃烧。但其浓度高于爆炸上限时，遇见明火，虽然不会爆炸，但接触空气却能燃烧。

了解各种可燃气体、蒸气或粉尘的爆炸极限，对于实验室做好防火、防爆具有重要意义。首先，根据可燃气体、蒸气或粉尘的爆炸极限，了解它们的危险程度。可燃气体、蒸气或粉尘危险性的大小，主要取决于爆炸极限幅度的大小。幅度越大，危险性就越大。其次，根据某些可燃气体、蒸气或粉尘的爆炸极限，可以了解在哪些情况下容易使它们进入爆炸范围。显然，爆炸下限低的可燃气体、蒸气或粉尘，如果泄漏在空气中，即使量不很大，也很容易进入爆炸范围，爆炸的危险性就很大。因此，生产或使用这类物质要特别注意防止漏泄，否则很可能达到爆炸下限，发生爆炸。

各种可燃气体、蒸气或粉尘在氧气中爆炸极限幅度比在空气中大得多。例如，氢在空气中的爆炸下限、上限为 4.00%~74.20%，而在氧气中为 4.65%~93.9%。乙烷在空气中的爆炸下限、上限为 3.22%~12.45%，而在氧气中为 4.10%~50.5%。

2. 遇强氧化剂可能引起燃烧和爆炸的物质

(1) 能引起燃烧的物质：浓硫酸、浓硝酸遇松节油、乙醇；浓硝酸遇纤维织物；过氧化物遇乙酸、甲醇、丙酮、乙二醇等；溴遇磷、锌粉、镁粉。

(2) 能形成爆炸的混合物：高氯酸与乙醇及其他有机物；高氯酸盐、氯酸盐与硫酸；氯酸盐与硫或硫化锑；氯酸盐与磷或氰化物；氯酸盐、硝酸盐、硝酸与磷；三氧化二铬、高锰酸钾与硫酸、硫磺、甘油有机物等；过硫酸铵与铝粉遇水；高铁氰化钾、高汞氰化钾、卤素与氨；硝酸钠与硫氰化钡；硝酸钾与乙酸钠；硝酸铵与锌粉遇少量水；硝酸盐与酯类；硝酸盐与氯化亚锡；亚硝酸盐与氰化钾；硝酸与噻吩、碘化氢；硝酸与镁、锌等活泼金属；硝酸-亚硝酸盐与有机物、铝；过氧化物与镁、锌、铝；液态空气、氧气与有机物；压缩氧与油脂；发烟硫酸、氯磺酸与水；次氯酸钙与有机物；发烟硝酸与乙醚；卤素与铝粉遇少量水。

3. 其他危险性混合物或物质

(1) 遇水着火或爆炸的物质：钾、钠、电石、活化金属（如活性镍）遇水着火或爆炸；三氯化铝、三氯化磷、五氯化磷、磷化钙遇水有发生爆炸的可能；浓甲酸极不稳定，可能爆炸；液体氨与汞（如流体压力计里的汞）也可能构成爆炸性化合物。

(2) 乙炔化物：当乙炔和类似化合物与银、铜、二价汞和某些其他金属等溶液反应生成乙炔化合物——爆炸性沉淀物,特别是银和铜的碳化物非常容易爆炸。当这些乙炔化物中夹杂着氧化性酸根(如硝酸根、溴酸根、高氯酸根)及卤素,会大大增加爆炸的危险性;若夹杂着无氧化性的阴离子(如硫酸根、磷酸根、有机酸根)则会降低乙炔化物的爆炸性。

四、强酸强碱的使用安全

1. 强酸类

饲料实验室常用的强酸有硫酸、硝酸、盐酸、高氯酸、氢氟酸、冰乙酸、甲酸等。这些酸对人的皮肤都会引起不同程度的化学灼伤,所以使用处理时应戴防护手套。特别是有些强酸本身又是强氧化剂,对皮肤的伤害更严重,如硫酸、硝酸、高氯酸。配制酸溶液时,都要遵守将酸加到水中的次序。特别发热量大的酸,如硫酸,只能将硫酸在搅拌下慢慢倒入水中,决不允许将水倒入硫酸!否则会因发热溅出。酸与酸混合时,要将密度大的倒入密度小的,并不断搅拌或冷却,如硫酸-氢氟酸混合酸的配制,需将硫酸倒入氢氟酸并不断冷却、搅拌。

2. 强碱类

饲料实验室常用的碱有氢氧化钠、氢氧化钾、氢氧化铵等。这些碱同样对皮肤有伤害。在使用浓碱时要注意戴防护手套和眼镜。碱对人的眼球灼伤是严重的,所以在使用浓碱时一定要戴防护眼镜。

五、放射性物质的防护

饲料实验室中只有少数情况下才能接触到放射性同位素,如 P^{32}、Co^{60}、Ni^{63}。P^{32} 常作为标记在试验中使用。Ni^{63} 是气相色谱电子捕获检测器的辐射源。

1. 放射性元素对人体的危害

放射性元素的三种辐射:α、β、γ 三种射线,对人体的伤害是不同的。α 射线具有显著的生理作用,电离本领极强,穿透力很弱,但 α 射线的致伤集中,细胞一死就是一团,故不容易恢复。α 外照射只会引起皮肤灼伤,但内照射,引起器官的伤害是很危险的。γ 射线的穿透力很强,电离作用或多或少是均匀的,即体外 γ 射线照射,危害也是很大的,因为它能引起体内器官损伤。β 射线的电离本领和穿透性在 α 和 γ 之间。

2. 放射性的防护

首先要增强防范意识,应会识别放射性标志。例如,配备了电子捕获检测器的气相色谱仪因为含有 Ni^{63} 而贴上放射性标识,标识如图 7-1 所示。

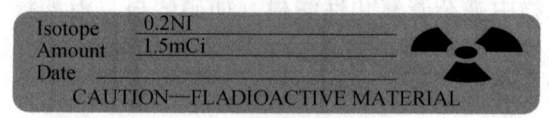

图 7-1 放射性标识

当看到放射性标识后,应避免放射性物质进入体内或污染身体,尽量减少人体接触来自外部的照射剂量。

防护放射性元素具体措施如下:①用量:在可能的情况下使用最小量。②时间:因为机体所受剂量大小与照射的时间成正比,也就是说,照射的时间越长,所受剂量越大。工作力求迅速,一旦结束,尽快离开照射区,避免长时间照射。③距离:机体所受照射剂量与距离平方成反比,即距离越远,所受剂量越小。④屏蔽:利用适当的材料对射线进行防护。各种材料都有一定的遮挡能力。相对密度大的金属材料(如铅、铁等)对 γ 射线遮挡能力强,相对密度小的材料(如石蜡、硼砂等)对中子的遮挡能力强;α 和 β 射线容易遮挡,一般铝、塑料都可用来遮挡。

为了确保人身安全,规定一个人在一定时间内所受射线照射对人身体健康没有危害的最大允许剂量当量标准称为最大容许量。但不少国家采用最大容许剂量标准,即按每人每天所受射线照射对人体健康没有危害的最大允许剂量标准则称为最大容许剂量,见表 7-6 所示。

表 7-6 最大容许剂量

射线类型	每日最大容许剂量/mSv
X、β、γ	0.5
α 射线,快中子	0.05
热中子	0.1

总之,处理和使用放射性物质应尽可能选用放射性小的元素,用量尽可能少,接触时间尽可能短,尽可能远离,采取必要的屏蔽和戴口罩、手套等措施。

六、高压气瓶的使用与安全

1. 高压气瓶的基本构造

高压气瓶属高压容积,瓶内装有高压气体,还要承受搬运、滚动等外界震动冲击作用,因此对其材料质量要求非常严格,一般是无缝合金或碳素钢管制成的圆柱形容器。气瓶壁厚为 5~8cm,容积 12~55L。底部是圆形,内凹或装有平底座，使气瓶可以竖放。气瓶顶部有启闭阀装置。

由于气瓶压力一般较高，而使用压力往往又很低，单靠启闭阀不能准确调节气体的放出量，为降低压力并保持稳压，必须装上减压阀。不同的气体有不同的减压阀，不同的减压阀都漆以不同颜色加以标识。例如，氧气减压阀为天蓝色，乙炔气为白色，氢气为深绿色，氮气为黑色，丙烷为灰色等。必须注意的是：用于氧气瓶上的减压阀可以用于氮气瓶或空气瓶上，而相反若将氮气瓶的减压阀用于氧气瓶上是不允许的。如果要用，也必须先充分洗除氮气减压阀上的油脂，才可以用于氧气瓶上。

2. 高压气瓶的使用安全

（1）减压阀的装卸：在装卸减压阀时必须注意管接头对准，防止丝扣滑牙或装旋不牢而射出。卸下时要注意轻放，妥善保存，避免撞击、震动，不要放在有腐蚀性物质的地方，并防止灰尘落入表内，以免堵塞失灵。

在安装减压阀时应注意应先将气瓶连接口的灰尘清洗干净，装好后先开气瓶启闭阀，然后按顺时针方向打开减压阀，调节压力到设定值。然后用肥皂水检查各连接处是否漏气。如果漏气，立即关好启闭阀，放气后重新紧固。

减压阀要每年检修一次，如不合格马上更换，且每种减压阀都有各自的报废年限，如果到报废年限仍不更换的，容易发生减压阀爆炸事件。一般减压阀使用年限为2～3年。

（2）高压气瓶的使用。①高压气瓶使用时直立并有固定装置，以防钢瓶倒掉造成事故；分类放置，远离热源，保证通风，避免暴晒和强烈震动，绝对避免明火存在。另外，实验室存放的气瓶不得超过2瓶，钢瓶与仪器之间的距离应大于10m。如果空间有限可专门设定气体钢瓶间，内应用气体钢瓶柜将钢瓶分类放置。特别是易燃易爆的气体如 H_2、C_2H_2 等不能与其他气体钢瓶混放，尤其不能与助燃气体如 O_2 放在一起，以防爆炸。②高压气瓶上的减压阀必须是专用的，安装螺帽要上紧，不得漏气。③开启高压气瓶时，操作者需站在侧面，千万不要站在气瓶接口对面的位置上，以免气流射出伤人。操作时严禁敲打，发现漏气应及时修理，但不熟悉减压阀构造的人，不要随便进行修理。④用气后残余压力一般不少于0.3MPa，通常剩一格时即1MPa时就停用决不允许用尽。否则会产生负压，同样有爆炸的危险。⑤氧气瓶及专用工具严禁与油脂接触，操作人员绝不能穿有油脂的工作服或手套开闭使用氧气瓶，以免引起着火。⑥各种气瓶必须进行定期技术鉴定或压力试验。充装一般气体瓶，每三年检验一次；充装腐蚀性气体，每两年检验一次。气瓶在使用过程中，如发现有严重腐蚀或其他严重损伤，应提前检验。

（3）高压气瓶的搬运和保管。①高压气瓶存放时气瓶上的安全帽应旋紧以保护启闭阀,防止偶尔碰撞或偶然转动。②搬运气瓶时一定用专用推瓶车或在地上滚动(装有橡皮圈),绝对不允许用手执着气门抬。③气瓶瓶体有缺陷,不能保证安全使用的,或安全附件不全、损坏而不符合规定的,应及时进行修理和检查。④不同气体要分别存放,不同气体瓶标识不同颜色和标志,如表7-7所示。

表7-7 高压气瓶的颜色及标志

气体名称	气瓶颜色	字　样	字样颜色
氧气瓶	天蓝	氧	黑色
氮气瓶	黑色	氮	黄色
氩气瓶	灰色	氩	绿色
压缩空气瓶	黑色	压缩空气	白色
氢气瓶	深绿	氢	红色
乙炔气瓶	白色	乙炔	红色
二氧化碳气瓶	黑色	二氧化碳	黄色
氧化亚氮气瓶	灰色	氧化亚氮	黑色
光气瓶	草绿色	光气	红色
氨气瓶	黄色	氨	黑色
石油气瓶	灰色	石油气体	红色
硫化氢气瓶	白色	硫化氢	红色
氯气瓶	草绿色	氯	白色
氮气瓶	棕色	氮	白色
乙烯气瓶	紫色	乙烯	红色
环丙烷气瓶	橙黄色	环丙烷	黑色
丁烯气瓶	红色	丁烯	黄色
其他可燃性气瓶	红色	(气体名称)	白色
其他非可燃性气瓶	黑色	(气体名称)	黄色

总之,实验室发生火灾和爆炸的原因多种多样,但归结起来不外乎两点:对危险物质的性质不了解或了解不多,工作中粗心大意。所以,只要在分析检验工作前对所用危险品和仪器设备多加熟悉,检验时严格按操作规程小心操作,做好防火防爆工作,应当是安全的。

综上所述,为了保证学生的人身安全,避免不必要的伤害,下面对进入实验室进行分析的学生提出以下要求:

(1)实验前要了解电源、消防栓、灭火器、紧急洗眼器的位置及正确的使用方法;了解实验室安全出口和紧急情况时的逃生路线。

(2)实验时要身着长袖、过膝的实验服,不准穿拖鞋、大开口鞋和凉鞋。不准穿底部带铁钉的鞋。

（3）长发（过衣领）必须束起或藏于帽内。

（4）实验室内严禁饮食、吸烟。一切化学药品严禁入口。

（5）使用乙醚、苯、丙酮、三氯甲烷等易燃有机溶剂时，要远离火焰和热源，且用后应倒入回收瓶（桶）中回收，不准倒入水槽中，以免造成污染。

（6）水、电、煤气使用完毕后，应立即关闭。

（7）使用易燃、易爆气体（如氢气、乙炔等）时，要保持室内空气流通，严禁明火并应防止一切火星的发生。例如，由于敲击、电器的开关等所产生的火花，有些机械搅拌器的电刷极易产生火花，应避免使用，禁止在此环境内使用移动电话。

（8）分析天平、分光光度计、酸度计等实验室中常用的精密仪器，使用时应严格按照规定进行操作。用后应拔去电源插头，并将仪器各部分旋钮恢复到原来位置。

（9）实验前要做好预习，充分了解实验室安全知识。如发生烫伤、割伤等立即处理或就医。

小　结

　　检测实验室的安全工作包括检验人员自身安全及仪器设备使用安全，是一项常抓不懈的工作。本章主要介绍了饲料企业检验室建设的基本要求、实验室一般操作安全、电器设备的使用安全、易爆物质和强氧化剂的安全、强酸强碱的使用安全、放射性物质的防护及高压气瓶的使用安全等，是学生及检验人员进入实验室从事分析活动必须掌握的基础知识。

思 考 题

1. 检验工作中如何做到检验设备及人员的安全？
2. 使用和处理易燃易爆试剂时注意事项有哪些？
3. 如何使用高压气瓶？高压气瓶在搬运和保管过程中应注意的事项有哪些？
4. 保持检验过程中各项记录的完整性有何意义？

主要参考文献

白元生. 1999. 饲料原料学. 北京：中国农业出版社
杜书英. 2002. 食品分析与检验. 北京：高等教育出版社
谷文英. 1999. 配合饲料工艺学. 北京：中国轻工业出版社
何欣. 2003. 动物营养与饲料. 北京：中央广播电视大学出版社
贺建华. 2004. 饲料分析与检测. 北京：中国农业出版社
姜懋武. 1998. 饲料原料简易检测与掺假识别. 沈阳：辽宁科学技术出版社
李德发. 2001. 中国饲料大全. 北京：中国农业出版社
梁邢文，王成章，齐胜利. 1999. 饲料原料与品质检测. 北京：中国林业出版社
饶应昌. 1996. 饲料加工工艺与设备. 北京：中国农业出版社
王加启，于建国. 2004. 饲料检验手册. 北京：中国计量出版社
王随元. 2002. 饲料工业标准汇编（下册）. 北京：中国标准出版社
王喜萍. 2006. 食品分析. 北京：中国农业出版社
杨凤. 2006. 动物营养学. 北京：中国农业出版社
杨海鹏. 2006. 饲料显微镜检查图谱. 武汉：武汉出版社
杨胜. 1993. 饲料分析及饲料质量检测技术. 北京：北京农业大学出版社
袁缨. 2006. 动物营养学实验教程. 北京：中国农业大学出版社
张丽英. 2003. 饲料分析及饲料质量检测技术（第二版）. 北京：中国农业大学出版社
张强. 2003. 饲料性能品质测定新技术标准与安全配方新工艺实用手册. 吉林：吉林音像出版社
张子仪. 2000. 中国饲料学. 北京：中国农业出版社
中国标准出版社第一编辑室. 1997. 中国农业标准汇编·畜牧兽医卷. 北京：中国标准出版社
中国标准出版社第一编辑室. 2002. 中国农业标准汇编·饲料卷. 北京：中国标准出版社
中国农业科学院饲料研究所. 2002. 中国饲料原料采购指南. 北京：中国农业大学出版社
中华人民共和国国家标准 GB/T20195-2006/ISO 6498：1998. 动物饲料试样的制备
中华人民共和国国家标准 GB/T 20195-2006/ISO 6498：1998. 饲料采样
周安国. 2003. 饲料手册. 北京：中国农业出版社